献给我的女儿王见大

祝贺她刚刚考入北大附中

本书虽是写给我的女儿和所有中学生，却是我专心致志22年写成的《新伦理学》（商务印书馆2008年版）之精粹。它将每个理论问题都化为一个活生生的人生案例，通过解析各个案例而系统展现伦理学博大精深之原理。

全家照：王海明、王见大、孙英

作者简介

王海明，吉林省白城市镇赉县人，现为闽南师范大学马克思主义学院特聘教授和北京大学哲学系教授，著有《新伦理学》（修订版，全三册，商务印书馆 2008 年）、《国家学原理》（北京三联书店 2014 年）、《理想国家》（全二册，商务印书馆 2014 年）、《伦理学方法》（商务印书馆 2003 年）、《人性论》（商务印书馆 2005 年）、《公正与人道：国家治理道德原则体系》（商务印书馆 2010 年）、《伦理学原理》（第三版，北京市高等教育精品教材，北京大学出版社 2009 年）。

个人主页：http://www.phil.pku.edu.cn/personal/wanghm/index.html
电子信箱：wanghaimingw@sina.cn

写给中学生的伦理学

王海明 著

北京大学出版社
PEKING UNIVERSITY PRESS

图书在版编目（CIP）数据

写给中学生的伦理学 / 王海明著. —北京：北京大学出版社，2015.1
ISBN 978-7-301-25195-9

Ⅰ.①写… Ⅱ.①王… Ⅲ.①伦理学–青少年读物 Ⅳ.①B82-49

中国版本图书馆CIP数据核字(2014)第284733号

书　　　名	写给中学生的伦理学
著作责任者	王海明　著
策划编辑	杨书澜
责任编辑	闵艳芸
标准书号	ISBN 978-7-301-25195-9
出版发行	北京大学出版社
地　　　址	北京市海淀区成府路205号　100871
网　　　址	http://www.pup.cn　新浪官方微博：@北京大学出版社
电子信箱	minyanyun@163.com
电　　　话	邮购部 62752015　发行部 62750672　编辑部 62752824
印　刷　者	北京溢漾印刷有限公司
经　销　者	新华书店
	720毫米×1020毫米　16开本　15.25印张　200千字　67幅插图
	2015年1月第1版　2025年8月第4次印刷
定　　　价	33.00元

未经许可，不得以任何方式复制或抄袭本书之部分或全部内容。
版权所有，侵权必究
举报电话：010-62752024　电子信箱：fd@pup.pku.edu.cn
图书如有印装质量问题，请与出版部联系，电话：010-62756370

目 录

自 序/1

绪 论：伦理学是什么/7

    1. 伦理学：关于优良道德的科学/8

    2. 伦理学：关于道德价值的科学/10

    3. 道德价值推导公式：休谟难题之答案/12

    4. 伦理学公理：伦理学全部研究对象之推演/16

    5. 伦理学：价值最大的科学之一/20

第一章 道德本性：道德起源和目的/25

    1. 善与恶：偷盗欲望的满足是善/26

    2. 道德起源与目的：两个小女孩的命运/29

    3. 道德起源与目的：人与动物的分界/34

    4. 道德起源与目的：劈一棵树的错误不亚于砍一个人/37

第二章 道德终极标准/45

    1. 增减每个人利益总量标准：尾生之信与康德之诚/45

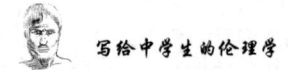

2. 最大利益净余额标准：电车司机应该驶向哪一条铁道？/48

3. 最大多数人最大利益标准：应该压死一个爱因斯坦还是五个普通人？/50

4. 自我牺牲标准：柯华文事迹的伦理底蕴/52

5. 无害一人地增进利益总量标准：杀一不辜而得天下不为也/54

6. 惩罚无辜：功利主义与义务论之争/56

第三章 人性：伦理行为事实如何之本性/61

1. 大锅饭亲历：伦理行为概念/61

2. 理智无力欲无眼：伦理行为原动力规律/66

3. 爱有差等：伦理行为目的规律/74

4. 为人民服务：伦理行为手段相对数量规律/77

5. 好人与坏人的分野：伦理行为类型相对数量规律/79

第四章 善：道德总原则/83

1. 利己目的的道德价值：四十年前的困惑/84

2. 善恶六原则：两句三年得，一吟双泪流/86

3. 木尽天年为不材：利己主义与利他主义之争/90

第五章 公正与平等：国家制度好坏的根本价值标准/95

1. 公正是什么：断人一指应该被砍头吗/95

2. 公正根本原则：举贤勿拘品行令/99

3. 平等：最重要的公正/104

第六章 人道和自由：国家制度最高价值标准/111

1. 何谓人道：他真是一位好父亲吗？/112

2. 自由是最根本的人道：原创性青睐难以相处的怪人/114

3. 自由原则：扑克牌游戏规则的伦理底蕴/117

4. 民主：社会主义核心价值/123

第七章 幸福：善待自己的普遍原则/129

1. 幸福是什么：快乐还是自我实现/129

2. 幸福价值：快乐中枢的发现/133

3. 幸福抉择：做一个痛苦的苏格拉底还是快乐的猪？/136

4. 幸福实现："才""力""命""德""欲"/141

第八章 道德规则/151

1. 诚实是最好的策略/153

2. 死王乃不如生鼠/158

3. 自尊是一种基本的善/164

4. 谦：德之柄也/167

5. 智慧：德之帅/171

6. 节制：大体与小体/176

7. 勇者不惧/181

8. 君子中庸/184

第九章 良心与名誉：优良道德实现之途径/191

1. 良心的客观本性：他为何向妓女求婚？/192

2. 名誉的客观本性：即使是浮名虚誉，我为什么总是看不开放不下啊？/195

3. 良心与名誉的主观评价：文章憎命达/201

第十章 品德：优良道德之实现/207

1. 品德概念："我缺德呀！"/208

2. 德富律：衣食足则知礼仪/212

3. 德福律：孟子的二律背反/216

4. 德识律：科学与艺术的复兴是否有助于敦风化俗/220

5. 德道律：国民品德的败坏与最高调的道德如影随形/224

附　录：伦理学必修书简介/231

 第一部分：西方七本伦理学经典/231

 第二部分：中国六部伦理学经典/233

自 序

我1950年生于吉林镇赉铁路公寓，4岁搬到农田环绕的小乡镇坦途火车站，一家八口住在铁道西附带半亩菜园子的一间半土房内，一直住到18岁。我至今依然记得，还没到入学年龄，我就经常跑到绿树环抱的坦途三完小，趴在教室窗户外听课。1957年，距上学年龄还差一年，我就自己做主到学校报名上学。结果，有一天老师真到我家来了，我远远看到，就飞也似的跑回家洗脸，想给老师一个好印象。1963年我小学毕业，获优秀毕业证书，升入邻校镇赉三中。不论小学还是初中，我的学习成绩总是全班第一。但学得最好的并不是语文和政治，而是数学。当时校长吴国兴教数学，他对我很好奇，因为我小小年纪，竟然重新编写数学教科书，而且一贯不做数学习题，只靠领会原理，但每次考试几乎总是第一。一天吴校长来我们班讨论，他微闭双眼，静静听我们发言。会后，他找我谈话，让我写一下数学学习体会，给全校学生做个报告。我那时只有16岁，报告的题目居然是"我走过的路"。幸好还没有交给校长，那场史无前例的运动就开始了；否则，他看了一定会笑掉大牙。

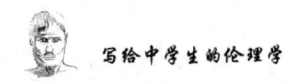

这场运动不仅要了这位我心目中最好的中学校长的命，而且也改变了我的命运。没有它，我或许会成为数学家。然而，当其时也，举国上下，差不多每个人胸前都挂着一个形状犹如心脏的红牌子，牌子上写个"公"或"忠"字。不论挂着"忠"还是"公"的牌子，每个人都必须积极参加"公字化"和"忠字化"运动。

"公字化"运动最重要的内容，就是全国各级单位都必须大轰大嗡开展大立"公"字、大破"私"字、狠斗"我"字、把自己从"我"字中解放出来的"公字化讲用会"。讲用会最流行的话就是大庆人的豪言壮语："离我远一寸，干劲增一份；离我远一丈，干劲无限涨；我字若全忘，刀山火海也敢上。"就连书呆子数学家陈景润，也万分激动地真诚呼吁："革命加拼命，拼命干革命，有命不革命，要命有何用？"

"忠字化"主要是"三忠于"和"四无限"运动。每个人必须天天宣誓：永远忠于毛主席和无限热爱毛主席。登峰造极之时，全国人民都要跳忠字舞。当时我还在部队当侦察兵。我们的副团长是战斗英雄，脖子打歪了，胸前弹伤累累，也一边满脸庄严肃穆、笨手笨脚地跳着忠字舞，一边瓮声瓮气、信誓旦旦地唱着"敬爱的毛主席，我们心中的红太阳……。"不但人人必须跳忠字舞，而且人人饭前必须祝福：祝愿毛主席万寿无疆。每个人每天还必须毕恭毕敬站在毛主席像前，向毛主席"早请示"和"晚汇报"，诉说自己的"活思想"。

我自然也必须积极参加这些活动，但内心异常苦闷和困惑，遂决心研究这些问题。但部队没有研究条件，要进行研究和写作必须离开部队。可是，当时部队很器重我，全师士兵只挑选两个人——我是其中之一——送往锦州机要学校学习两年，前途无量。究竟是在部队争取当将军，还是回家种地著书立说？我反复考虑了近一个月，最后选择了后者。当我以红绿色弱为由申请中途退役而未被批准的时候，我做出了一个让我现在还后悔和心痛的可怕决定：绝食。

我整天躺在床上，不吃饭，只喝水，除了撒尿，从不下床。这对于食欲旺盛天性好动的我来说，是极度痛苦的。但我当时想，只要坚持三两天，就可以回家了。然而，到第三天，我眼巴巴盼望着批准我回家的通知，一直到晚上也没有消息。三天没吃一点东西，难受极了，我觉得坚持不下去了。但我想第四天一定会来通知的，一定坚持到第四天。第四天果然来人了，但我抖抖精神，定睛一看，来的怎么全是白大褂：他们都是军医呀！

领头的长相凶狠，牙齿外露，手里拿着带有长长胶皮管的漏斗，一边比划一边严肃地问我："到底吃不吃饭？不吃就把这个管子插进你的鼻孔和食道，往里灌鸡蛋汤，那可难受极了！"他一听我的回答是不吃，就对另外几个人说：灌！他们一下子拥上前来，按住我的四肢和脑袋，一个管子就插进我的鼻孔和食道，我一阵痉挛作呕，接着就觉得一股热乎乎的东西流进来，我心里想，那就是鸡蛋汤吧。完事了，他们又劝慰一番，吓唬一阵，说铁打的部队绝不会对你一个人妥协，否则岂不都绝食了？

然而，我想无论如何也要退役著书，除了绝食还能有什么办法呢？于是我决定坚持绝食。每天我都在想，再坚持一两天就能胜利。靠着"再坚持一天就能胜利"的信念，竟然一直绝食24天——如果一开始就知道要绝食24天我绝不会选择绝食——每5天左右他们就来三四个人将我结结实实按住灌一次鸡蛋汤。到第25天，团政治处干事田守宽跑来，笑眯眯地向我摇动着手里的一张纸喊道：同意啦！我一下子坐起来，抢来一看，真的是批准王海明半年后中途退役通知书，还盖着3150部队的大红公章呢。我高兴极了，立刻吃饭了。期限快到了，我找田守宽询问怎样办手续。这个好人一听，哈哈大笑，说哪里有什么中途退役的事！那是他为了挽救我偷偷盖上的公章。我一听呆若木鸡，不可能也不愿意再绝食，只好再等一年半兵役期满复员了。

后来我常想，如果当初田守宽不弄虚作假，我会一直绝食下去吗？很有可能。忍受此等极端痛苦、付出此等极端代价，究竟是为那般？只为一件事：撰写解析"公字化"和"忠字化"的著作。荒谬之极！偏执之极！然而，此乃我的"长江"之源头也！从1968年4月绝食后第一天吃饭开始，一直到今天，45年来，我变成了地地道道的吝啬鬼：吝啬的是时间而不是金钱。这16425个日日夜夜，我几乎谢绝一切社会交际和亲朋往来而只做4件事：著书立说、锻炼身体、睡觉和应付工作。吾师杨焕章和魏英敏早有警告：如此独往独来岂不注定前途坎坷多难！诚哉斯言！但我惜时如金，无论如何也要将一切时间都尽可能用到写作上来。著书立说就是我人生的目的和意义，实在比性命还重要：坎坷和磨难又算得了什么？

就这样，到1970年2月复员前夕，我写出两篇论文：《反对"公字化"：论个人利益与公共利益的关系》和《反对"忠字化"：论领袖与群众的关系》。到1983年，经过14年的孤注一掷，七易其稿，终于完成了一部八十余万字的《新哲学》书稿。1984年，我开始在这部书稿有关"公字化"等道德哲学部分的基础上，撰写《新伦理学》；虽然置一切于不顾，竟然也一直写到2006年11月26日，这部一百五十余万字的书稿才最终完成，历时二十二年。

接着，我运用《新伦理学》关于国家制度道德原则——亦即国家制度根本价值标准"公正与平等"和国家制度最高价值标准"人道与自由"以及国家制度终极价值标准"增减每个人利益总量"——理论，在《新哲学》书稿有关"忠字化"等政治哲学部分的基础上，撰写我四十年来一直关注、思考和研究的国家理论。2012年6月29日，在海南琼海官塘"忘机轩"书房，完成了与《新伦理学》字数差不多的《国家学》，历时五个寒暑有余。是日也，雨过天晴，恰有彩虹高悬，瞬间消散。当此风云变幻之际，不禁思绪万千。遥想为研究"公字化"和"忠字化"而绝食之时，没有料到竟然要绝食二十四天，更未料到这一研究的完成，要我放弃功名利禄地位尊严而孤独寂寞潜心著述四十余载：十四载《新哲学》、二十二载《新伦理学》和五载《国家学》。

我把这两部巨著放在书桌一角，日日相看，初时不胜欣慰，后来竟然悲从中来。因为两本书虽然近三百万字数，结论却可以一言以蔽之：民主是唯一好的国家制度。然而，我已六十有三，退休后来漳州九龙江边开荒种地，远离政治舞台。幸有女儿道道（王见大），有极高思辨天赋。一日，王曙光（北京大学经济学院教授）来寒舍，餐桌上与道道对话，惊喜之极，竟然跪倒在地，高举双手大笑大叫：妙哉！尔后，曙光遂根据道道妈妈(孙英)整理出的道道2~5岁之时与大人的对话进行编辑点评，并于2006年在南方出版社出版，书名就是《道道语录》。现在就从该书选一段道道与王曙光的对话：

道道最羡慕的事情是会飞。道道觉得神仙有两条：一是长生不老，二是会飞。

我说："是像风筝那样飞吧。"

道道说："不是。风筝是不自由的。"

我大惊失色。"为什么风筝是不自由的？"我说。

道道说："因为风筝有根线，人往哪里拽，风筝就往哪里走，所以它是不自由的。"

我顿时觉得5岁道道的思维水平远在我之上，于是在谈话中再不敢以孺子视之。

我挑战道道："你知道什么是自由吗？"

道道说：我想想。

过了一会儿，道道说："我想好了。自由就是幸福，自由就是快乐。"

一言既出，四座皆惊。

你听过有5岁的小孩说出这样"哲"的话来吗？

"自由就是幸福"，简直有罗素的味道。

我听完，惊得差点扑在餐桌上。①

我女儿有如此高的思想天资，又如此热爱自由，我觉得可以将我未竟之事业托付于她，嘱托她以伦理学与政治学为专业，一生为社会主义核心价值——民主——而奋斗。今年，她考入北大附中高中；适逢北京大学出版社杨书澜编审邀我写《写给中学生的伦理学》，此举正中下怀：我正想给女儿讲授《新伦理学》。于是，我时不时看着女儿相片，以她最易理解的语言，将每个理论问题都化为一个活生生的人生案例，通过解析各个案例而系统展现伦理学博大精深之原理：遂成此书。此书虽是写给我的女儿和所有中学生，并且只有二十余万字，却是我一百五十余万字数的《新伦理学》之精

---

① 舒旷整理：《道道语录》，南方出版社2006年版，第3页。

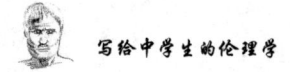

粹。窃以为，中学生读它或许会觉得浅；但教授读它必定觉得深（正像清华大学韦正翔教授看了超星数字图书馆《新伦理学》视频，评价只有两个字：深刻）。我每天上午写《写给中学生的伦理学》，下午则耕种于九龙江边，其间曙光来访，赠诗一首，诗曰：

访漳州重游鼓浪屿呈吾师王海明先生

王曙光2013年3月30日

躬耕陇亩在闽南，
锄罢曝书对青山。
醉沉伦理求大道，
复返婴儿任自然。
群贤阔论追亭禊，
沧海踏歌叹逝年。
春花依旧漳州好，
月下长吟伴陶潜。

我特别感谢北大出版社杨书澜编审，让我实现了为中学生写本伦理学的愿望；特别感谢责编闫艳芸老师，她是我遇到的最认真负责的好编辑，本书字字句句都凝结着她的辛劳。

王海明
2013年8月25日
闽南师大白鹭园闲快活书斋

绪 论
伦理学是什么

　　伦理学，就其主要对象来说，是关于国家制度好坏的价值标准的科学；就其全部对象来说，是关于优良道德的科学。伦理学分为元伦理学、规范伦理学以及美德伦理学。元伦理学主要通过研究"是与应该"的关系而提出确立道德价值判断之真理和制定优良的道德规范之方法：元伦理学是关于优良道德规范制定方法的伦理学。规范伦理学主要通过社会制定道德的目的亦即道德终极标准，从人的行为事实如何的客观本性中推导、制订出人的行为应该如何的优良道德规范：规范伦理学是关于优良道德规范制定过程的伦理学。美德伦理学主要研究优良道德如何由社会的外在规范转化为个人内在美德，从而使优良道德得到实现的途径：美德伦理学是关于优良道德实现途径的伦理学。

1. 伦理学：关于优良道德的科学

每学期上课，当我讲到道德有好坏之分时，总有学生感到困惑：道德不都是好的吗？怎么会有坏道德呢？殊不知，我国自隋朝开始，一直到清朝末年，上至皇亲国戚，下至贫民百姓，凡是女人都应该裹小脚；不裹小脚是丢人现眼的：“女人应该裹小脚”是每个女人都应该遵循的道德。这种道德显然是极坏的，是极其恶劣的。因为每个女孩三岁开始就要遭此大罪，届时家长也无可奈何，必须狠下心来，不论女儿如何哭闹挣扎，硬是用长长的布带将小女孩的脚趾和脚掌紧紧挤压捆绑起来，使整个脚最大限度变小，天天如此，一直捆绑到青春期。结果整个脚完全变形，几乎没有脚掌，脚面隆起，隐约可见五个脚趾挤压在脚踝周边，这个似脚非脚的东西也就三寸多长：这就是令当时女人骄傲的所谓“三寸金莲”呀！这是对女人何等残忍可怕的蹂躏！竟然盛行大中国千年不衰！这种被奉为道德规范因而堂堂正正地实施的男人对女人的惨绝人寰的蹂躏玩弄，说到底，不过是儒家“男尊女卑”道德的具体化而已。

我初中时读《儒林外史》，有一情节至今难忘。那是一个楚楚动人的少妇，丈夫刚刚去世，她决心做一个贞烈女子，自杀殉夫。老父听说后大喜，大力支持，对女儿许诺：她殉夫后，就给她建立一座贞节牌坊，光宗耀祖。女儿自缢后，老父果然建了一座堂而皇之的贞节牌坊。众人前来道贺，盛赞不已。但是，客人散去，夜深人静，父亲独自徘徊贞节牌坊，满脑子都是宝贝女儿生前如何美丽温柔，如何善解人意，如何孝顺父母，不禁悲从中来，失声痛哭。父亲无法在家中生活，只好远去苏杭一带游历。但是，无论走到哪里，宝贝女儿的音容笑貌都跟随到哪里。老父捶胸顿足，追悔莫及，遂一病不起，不久也追随女儿而去。

试问，这种自缢殉夫的贞节道德是好道德还是坏道德？显然是坏的恶劣的道德。不但儒家的贞节观，而且儒家最主要的道德原则“仁义”，在鲁迅看来也坏透了，是一种“吃人”的坏道德：“我翻开历史一查，这历史没有年代，歪歪斜斜的每页上都写着‘仁义道德’几个字。我横竖睡不着，仔细看了半夜,才从字缝里看出字来,满本都写着两个字是'吃人'!"

可见,并不像我们惯常认为的那样,道德都是好的、善的,而只有人才有坏的。道德与人一样,确有好坏优劣之分。道德有好坏优劣之分,正是伦理学诞生的真正原因:伦理学的意义显然全在于避免坏的、恶劣的道德,制定好的、优良的道德。伦理学就是关于优良道德的科学,是关于优良道德的制订方法和制订过程以及实现途径的科学。那么,道德优劣好坏取决于什么?究竟怎样的道德才是优良的?

行走于西湖湖畔的员外,眼前浮现的却是自缢的女儿和贞节牌坊的形象。

2. 伦理学：关于道德价值的科学

　　古今中外，几乎所有伦理学家都以为，道德或道德规范与道德价值是同一概念。其实，二者根本不同。因为道德或道德规范都是人制订或约定的。但道德价值却不是人制订或约定的。一切价值——不论道德价值还是非道德价值——显然都不是人制订或约定的。试想，玉米、鸡蛋、猪肉的营养价值怎么能是人制订或约定出来的呢？如果营养价值是人制订或约定的东西，那岂不就再也不必辛劳了？我们只要约定丛生丰茂的草木最有营养价值不就万事大吉，而再也不必开垦土地种植庄稼了？

　　显然，玉米、鸡蛋、猪肉的营养价值不是人制订的，人只能制订应该如何吃玉米、鸡蛋和猪肉的行为规范。记得幼时，我爹告诉我，肥肉和猪油最有营养价值，吃得越多越好。我深信不疑，以至在辽宁3150部队服兵役时，还牢记在心。有一次，我从弹药库站岗回来吃早饭，菜已被战士们吃光，只剩下高粱米饭。我只好到处翻找，发现有一坛子猪油，不禁大喜。盛了一大碗，足有一斤，放到锅里融化后拌进米饭，一下子全吃完了。结果到了中午和晚上还都饱饱的，啥也吃不下去，当时就觉得吃了亏。后来才知道，这亏并不是午饭和晚饭没吃什么，而是猪油吃得太多了。幸亏只有那一次机会，如果机会常常有，经常那样一顿一斤猪油吃下去，岂不必定患"三高"？还能活到今天吗？

　　显然，我爹告诉我的"猪油吃得越多越好"是坏的行为规范；相反地，今日洪昭光等养生家们主张的"少吃一点猪油好"的行为规范是好的、优良的。为什么？因为"猪油吃得越多越好"的行为规范与猪油的营养价值不符：猪油多了具有负价值，因而多吃猪油是不好的。相反的，"少吃猪油好"的行为规范与猪油的营养价值相符：猪油少一点具有正价值，因而少吃一点猪油好。

　　可见，规范与价值根本不同：与价值相符的规范就是优良的好的规范，与价值不相符的规范就是恶劣的坏的规范。道德属于行为规范范畴。因此，优良的、好的道德也就是与道德价值相符的道德；恶劣的、坏的道德也就是与道德价值不符的道德。"应该自缢殉夫"的贞洁道德规范之所以是坏道德，就是因其与自缢殉夫的道德价值不相符：自缢殉夫具有负道德价值，是不应该的。"女人应该裹小脚"的道德规范之所以是坏道德，就是因其与女人裹小脚的道德价值不相符：女人裹小脚是对女人的惨绝人寰的玩弄，具有极端的负道德价值，是极不应该的。

那么，究竟怎样才能制订与道德价值相符的优良道德规范呢？人们制订任何道德规范，无疑都是在一定的道德价值判断的指导下进行的。显而易见，只有在关于道德价值的判断是真理的条件下，所制订的道德的规范，才能够与道德价值相符，从而才能够是优良的道德规范；反之，如果关于道德价值的判断是谬误，那么，在其指导下所制订的道德规范，必定与道德价值不相符，因而必定是恶劣的道德规范。因此，伦理学是关于优良道德的定义，实际上蕴涵着：伦理学是寻找道德价值真理的科学，是关于道德价值的科学。这是伦理学的公认定义，也是伦理学更为深刻的定义。

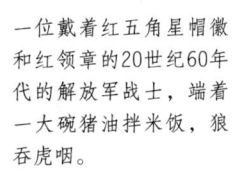

一位戴着红五角星帽徽和红领章的20世纪60年代的解放军战士，端着一大碗猪油拌米饭，狼吞虎咽。

3. 道德价值推导公式：休谟难题之答案

伦理学是关于优良道德的科学，说到底，是关于道德价值的科学。这意味着：伦理学就其根本特征来说，是一种规范科学和价值科学而不是描述科学或事实科学。这样，在科学的王国里，伦理学便属于价值科学，与事实科学相对立。那么，这是否意味着：伦理学只研究应该、价值和规范而不研究事实？行为应该如何与行为事实如何究竟是什么关系？这就是所谓"休谟难题"或"休谟法则"，因为休谟首次提出了这个问题：能否从"事实"推导出"应当"？这是关于道德价值的产生和存在的来源、依据问题，是如何确定行为的道德价值的问题，是如何科学地确定伦理学的研究对象的问题。

我对于这个问题的强烈兴趣源于童年。那时父亲是铁路工人，月薪50多元钱，养育不起6个儿女，只好开荒种地、饲养猪鸡。我几乎每天都喂猪、放猪，和猪一起玩耍，听它哼哼唧唧地不断向我致意，与它那水汪汪的长睫毛大眼睛相对而视，总不厌倦。猪吃饱了，心满意足躺下睡觉。我玩累了，有时也跟着躺下，头就枕在猪肚子上，与它一同进入梦乡。猪——套用今日青年人的一句时髦话——真的就是我的最爱。然而，每到过年，我爹就要杀一头猪。看它拼命挣扎，听它凄惨呼号，我非常痛苦。我想不通：被杀对于猪与人事实上一样痛苦，为什么杀猪是应该的，而杀人是不应该的？

这个问题后来困扰我20余载。它也曾同样困扰着因胃癌而英年早逝的当代大哲诺齐克。他在《无政府、国家与乌托邦》中曾就这个问题试着解释说："生物是不是按某种上升的等级安排的，以便可以使事物都为了那些等级高的生物的较大总体利益而做出牺牲或忍受痛苦？"[1]对这个难题，今日西方伦理学家仍在热烈争论，但都认为还没有解决。不过，据我看来，这个难题在19世纪俄国哲学家车尔尼雪夫斯基那里已得到了相当科学的解析。他举了两个著名的例子加以说明。

一个就是农村人眼中的美女和城里人眼中的美女是不一样的。农村人眼

---

[1] 诺齐克：《国家、无政府和乌托邦》，中国社会科学出版社1991年版，第55页。

里的美女，虽然不至于是个大胖子，但一定是比较丰满，有力气，脸不是那种苍白的，而是红润的；就像电影《人生》里的巧珍。这是因为农村人与城里人的审美需要不一样。农民的审美中蕴含着对力气的需要。因为一个农村的妇女，每年至少要养两头猪，甚至还要养上一头老母猪，老母猪每年要生几十头猪崽子。养猪实在不是一件容易的事情，一头猪一顿就能吃一锅猪食，每天至少要三顿啊！光养猪还不行，还要养活多个孩子，所以没有好体力显然是不行的。

想想看，像林黛玉那样的美女能符合农民这种包含着好体力的审美需要吗？这就是林黛玉不可能是农民心目中的美女的缘故：她不符合农民的审美需要。相反地，城里人眼里的美女就不一样了。农村人眼里的美女在城里人的眼里，比如在北大教授的眼里，我想一般不是美女。北大教授要这么有力气的人干嘛呢？城里人眼中的美女，一般说来，是苗条的，比较白净的，即使是苍白的，也可能是美的。

农村人与城里人眼中的美女

我在读研究生的时候，曾和自幼生活在杭州城里的何包钢以及远志明——如今他们分别是澳大利亚的大学教授和美国的牧师——讨论过车尔尼雪夫斯基的这个问题。我们争论得面红耳赤也没有解决问题，于是只好诉诸实践。在一个晚会上，何包钢首先发现了一个美女，我一看，禁不住大笑起来：那是什么美女？那岂不是大理石吗？苍白而瘦削。而我所发现的美女，他们俩看了，更是笑得前仰后合：那是不是猪吗！确实，那是一个十分丰满的胖姑娘。我自幼生活在农村，养猪养鸡，审美需要中包含着力气，以至几十年一直认为美女一定是胖姑娘，得胖乎乎的。很久以后，我才逐渐改变了这种农村人的审美需要，才认为胖并不美，才同意城里人何包钢的观点：苗条是美。那已经是我到京城20余年之后的事情了。

农村人和城里人眼中的美女之差异说明，美与丑并不是客体本身独自具有的属性，而是客体的事实属性（美的价值实体）与主体的审美需要（美的价值标准）发生关系时所产生的属性，是客体的事实属性对主体审美的效用。因此，它是经过人的审美需要及其转化形态——亦即欲望与目的——之中介，从事实中推导出来的：符合人的审美需要、欲望与目的的事实，就是"美"的；不符合或违背人的审美需要、欲望与目的的事实，就不是美的。

人的行为的善恶或应该不应该也是这样的。每个人的行为，它的应当或不应当，都是该行为对于主体的需要、欲望和目的的一种效用性。就拿小偷来说。记得80年代末，我初到北京。有一次乘公共汽车，衣兜里的一打纸被小偷扯出一半儿。这个小偷一看是纸，就溜走了。小偷当时心里或许想：偷错了，不应该偷这个穷光蛋。确实，小偷偷我是错的、不应该的；因为他偷盗的目的是得到钱，而我是个穷光蛋，他偷我达不到他偷钱的目的、不符合他偷钱的目的，因而是错的、不应该的。但是，后来我在北大任教，我的一位访问学者——很有钱的富婆——的书包被小偷割开一个大口子，结果被偷走20块钱。小偷当时心里或许想：偷对了！确实，小偷偷富婆是对的、应该的，他应该偷富婆；因为偷富婆能够得到钱，符合他偷钱的目的。

所以，行为的应该或不应该不过是行为事实对于行为目的的一种效用性：符合目的就是应该的；违背目的就是不应该的。当然，这种"应该"并不是道德的"应该"，而是非道德的应该。应该有"道德应该"与"非道德的应该"之分。二者固然都是行为事实对于主体需要、欲望和目的的效用，但非道德应当是行为事实对于行为者个人目的之效用；道德应当是行为事实对于社会创造道德的目的之效用，是行为事实对于道德目的之效用。小偷偷富婆，能够偷到钱，符合自己的目的，因而是应该的：小偷应该偷富婆而不应该偷穷光蛋。这种应该属于非道德应该范畴。因为这种应该是偷盗的行为事实对于小偷个人目的的效用性。然而，按照常识，不论小偷偷富婆还是偷穷光蛋都是不应该的。这种应该或不应该就属于道德应该范畴。因为这种应该或不应该乃是他偷盗的行为事实对于道德目的——保障社会存在发展和增进每个人利益——的效用性。任何偷盗——不论是偷富婆还是偷穷人——显然都有害社会存在发展，都不符合道德的目的，因而都是不应该的、具有负道德价值的。这就是我们常说的应该不应该，亦即道德的应该不应该或道德价值，它们是行为事实对于道德目的的效用性：符合道德目的就是应该的而具有正道德价值；不符合道德目的就是不应该的而具有非道德价值。

可见，行为应该如何的道德价值，并不是行为本身独自具有的属性，而是行为的事实属性（道德价值实体）与道德目的（道德价值标准）发生关系时所产生的属性，是行为事实如何对道德目的的效用。因此，道德价值、道德应该、行为之应该如何，是通过道德目的，从行为事实如何中产生和推导出来的：行为之应该（或正道德价值）等于行为之事实与道德目的之相符；行为之不应该（或负道德价值）等于行为之事实与道德目的之相违。

这就是休谟难题之答案，这就是行为应该如何从行为事实如何之中产生和推导出来的过程，这就是道德应该、道德价值所特有的推导方法，这就是道德应该、道德善、道德价值所特有的发现和证明方法，这就是优良道德的推导和制定之方法，我们可以将它归结为一个公式而名之为"道德价值推导公式"：

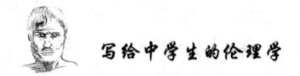

前提1：道德目的如何（道德价值标准）
前提2：行为事实如何（道德价值实体）

结论1：行为应该如何（道德价值）
结论2：优良道德规范（与道德价值相符的道德规范）

赖有这个公式，困惑我二十余载的"为什么杀猪是应该的"难题就可以破解了。原来，我们生活在人类社会，道德是人类创造的，因而道德最终目的是为了增进人类利益。因此，虽然被杀对于猪与人事实上一样痛苦，但杀猪符合——杀人则不符合——道德最终目的，因而杀猪是应该的；而杀人是不应该的。相反地，如果不幸猪们团结起来，创造了猪的社会和道德，猪的道德最终目的无疑是增进猪类的利益。那样一来，杀猪就不符合——杀人则符合——道德最终目的，因而杀猪就是不应该的，而杀人却是应该的了。

4. 伦理学公理：伦理学全部研究对象之推演

从1984年到2007年，整整二十二个寒暑，我几乎谢绝一切社会交往，放弃功名利禄地位尊严而只做三件事：撰写《新伦理学》、讲课和锻炼身体。我妻孙英常常半是骄傲半是抱怨地对别人说：海明只不过是一架写作机器，他锻炼身体完全是为了精力充沛地写作，他教书讲课完全是为了有钱给他这架写作机器买油、加油。令我无限欣慰的是，我总担心生前写不完的《新伦理学》（修订版）终于在2007年底完稿，并于商务印书馆出版。抱着上、中、下三册厚重的《新伦理学》，我激动不已。因为全书一百五十余万字，竟然都是从构成道德价值推导公式的四个命题推导出来的：道德价值推导公式就是能够推导出伦理学全部对象和全部内容的伦理学公理！

诚然，按照亚里士多德和欧几里得的古典公理法的观点，公理是不需要证明的，因为它们是自明的、直觉的、公认的、不言而喻。然而，非欧几里得几何学的产生表明这种观点是片面的。因为非欧几里得几何学的第五公设——经过直线外的一点，可作多条直线和原有的直线平行——显然不是自明的、直觉的；恰恰相反，它是完全违背人们的直觉的。所以，公理和公设不必是自明的、公认的。公理和公设之为公理和公设，正如波普所说，只在于从它们能够推演出该门科学的全部命题或全部内容。[①]因此，伦理学的公理之为公理，也只在于从它们能够推演出伦理学的全部命题或全部内容，而与是否自明无关。道德价值推导公式及其所包含的四个命题之为伦理学公理，与非欧几里得几何学的第五公设相似，并不是因为它们是自明的（恰恰相反，它们是人类思想的最大难题之一），而是因为由它们可以推导出伦理学的全部内容、全部对象。首先，从这个道德价值推导公式，可以推导出伦理学的基本对象由以下三部分组成：

第一部分是对于这个公式的前提1"道德目的如何"（道德价值标准）的研究。但是，要弄清楚何为道德目的，就必须明白道德究竟是什么。因此，该部分首先研究道德概念和道德本性；其次研究道德起源和目的；最后研究道德最终目的之量化，亦即道德终极标准。

第二部分是对于这个公式的前提2"伦理行为事实如何"（道德价值实体）的论述，亦即所谓的"人性论"。因为伦理学所研究的人性仅仅是可以言善恶的人性，因而只能是人的伦理行为所固有的事实如何之本性。它是伦理行为应该如何的优良道德规范所由以产生和推导出来的实体。这一部分主要研究伦理行为的结构（伦理目的、伦理手段和伦理行为原动力）、类型（伦理行为为十六种）和规律（伦理行为发展变化四大规律）。

第三部分是对于这个公式的结论1"行为应该如何"（道德价值）和结论2"优良道德规范"（与道德价值相符的道德规范）的研究。首先，运用道德终极标准——增减每个人利益总量——来衡量伦理行为事实如何之十六种、四大规律：符合这个标准的伦理行为事实，就是一切行为应该如何的道

[①] Sir Karl Popper, *The Logic of Scientific Discovery*. Harper Torchbooks Harper & Row, Publishers New York, 1959, p.71.

德总原则"善"。其次，从道德总原则"善"出发，一方面，推导出善待自我的道德原则"幸福"；另一方面推导出善待他人的道德原则——主要是国家制度与国家治理好坏价值标准——"公正""平等""人道""自由"和"异化"：公正是国家制度好坏的根本价值标准；平等是最重要的公正；人道是国家制度好坏的最高价值标准；自由是最根本的人道；异化是最根本的不人道。最后，从善、公正、平等、人道、自由、异化和幸福七大道德原则出发，进一步推导出"诚实""贵生""自尊""节制""谦虚""勇敢""智慧""中庸"等八大道德规则。

这三大部分就是规范伦理学的全部研究对象：规范伦理学就是关于优良道德规范制定过程的伦理学。那么，如何才能使人们遵守优良道德、从而使其得到实现？通过良心、名誉和品德：良心与名誉的道德评价是道德规范实现的途径；良好的品德则是道德规范的真正实现。良心、名誉和品德构成美德伦理学的全部研究对象：美德伦理学就是关于优良道德实现途径的伦理学，因而也就是对于如何实现道德价值推导公式的"结论2：优良道德规范"的研究。对于道德价值推导公式本身的研究则构成元伦理学全部对象：元伦理学就是关于道德价值推导方法的伦理学，就是关于优良道德规范制定方法的伦理学。元伦理学和规范伦理学以及美德伦理学构成了伦理学的全部学科。因为伦理学就是关于优良道德的科学，就是关于优良道德的制定方法（元伦理学）和制定过程（规范伦理学）以及实现途径（美德伦理学）的科学。

这样一来，从道德价值推导公式及其所由以构成的四个命题，便可以推演出伦理学的全部内容、全部对象，因而也就可以称之为伦理学公理。伦理学可以公理化，因而是一门相当精密的科学。因为公理化体系是最为精密的科学体系：这种体系是如此精密，以致欧几里得构建第一个公理化体系以来，虽然自然科学各个领域的科学家竞相效仿，却只有数学和物理学以及某些自然科学的分支能够公理化而已。至于哲学社会科学，最为耐人寻味的是，不论是经济学、法学、政治学、人类学，还是美学、社会学、语言学等等，都没有提出公理化的问题。唯有伦理学，自笛卡儿以来，先后有霍布

罗尔斯肖像

斯、斯宾诺莎、休谟、爱尔维修、摩尔等划时代大师，极力倡导伦理学的公理化或几何学化。一些著名的自然科学家和科学哲学家，如爱因斯坦和赖欣巴哈，也曾试图寻找和确立伦理学公理。今天，罗尔斯在他那部影响深远的巨著《正义论》中仍然热诚地呼喊："我们应当努力于一种道德几何学：它将具有几何学的全部严密性。"[①]

诚然，把这种倡导付诸实际，从而真正构建伦理学为一个公理化体系的，古今中外只有斯宾诺莎一人而已；并且，斯宾诺莎的构建无疑是失败的：他没有发现能够推导出伦理学全部内容的伦理学公理。但是，他的失败具有历史必然性。因为人类对于元伦理学——亦即伦理学公理系统——的研究，直到20世纪初才刚刚开始。元伦理学的奠基作，亦即摩尔的《伦理学原

---

① John Rawls, *A Theory of Justice* (Revised Edition). The Belknap Press of Harvard University Press, Cambridge, Massachusetts, 2000, p.198.

理》，发表于1903年。经过摩尔、普里查德、罗斯、罗素、维特根斯坦、石里克、卡尔纳普、艾耶尔、史蒂文森、图尔冈、黑尔等等元伦理学大师的半个多世纪的研究，发现和建构伦理学的公理体系方有可能。因此，我们不应该嘲笑斯宾诺莎伦理学的幼稚，而应该沿着斯宾诺莎的足迹，满载着20世纪元伦理学成果，努力构建一种如同几何学和物理学一样客观必然、严密精确、可以操作并且能够包容人类全部伦理学知识的公理化的伦理学。

5. 伦理学：价值最大的科学之一

伦理学对象的推演表明，作为一门规范科学，伦理学主要是规范伦理学，是关于道德规范的科学。道德规范分为道德原则和道德规则：道德规则不过是道德原则的引申和实现，道德原则无疑远远重要和复杂于道德规则。因此，伦理学主要是关于道德原则的科学。伦理学所研究的道德原则可以归结为七条，亦即善、公正、平等、人道、自由、异化和幸福：善是一切伦理行为应该如何的道德总原则；幸福是善待自我的道德原则；公正与平等以及人道、自由、异化五大道德原则是国家制度好坏的价值标准。

这样，一方面，从量上看，伦理学所研究的道德原则绝大多数都属于国家制度价值标准范畴；另一方面，从质上看——亦即从道德的社会效用看——公正与平等以及人道与自由等国家制度价值标准，正如亚里士多德与斯密所言，远远重要于仁爱和善行，远远重要于其他一切道德原则。因此，伦理学就其最重要和最主要的部分来说，亦即就其核心与基础来说，乃是一种关于国家制度好坏的价值标准的科学，属于如何治国的科学。这就是为什么，我国有"半部《论语》治天下"之说；而亚里士多德亦云："伦理学这门科学就是政治科学。"[①]

诚然，全面说来，伦理学是治国和做人的科学；但是，根本说来，伦理

[①] 《亚里士多德全集》第八卷，中国人民大学出版社1992年版，第4—5页。

学是治国的科学。因为国民品德好坏,总体说来,取决于国家制度好坏。只要国家制度好,绝大多数国民品德必定好;只要制度不好,绝大多数国民品德必定坏。不但如此,伦理学主要是关于国家制度好坏的价值标准的科学,还意味着:伦理学是对于国家发展进步具有最大意义的科学。因为国家制度是大体,是决定性的、根本性的和全局性的;国家治理是小体,是被决定的、非根本的和非全局性的。国家制度的优劣好坏决定国家治理优劣好坏。这样一来,一个国家实行何种道德规范,也就是该国发展进步的基本原因:推行优良的道德规范是国家繁荣进步的基本原因;推行恶劣道德是国家停滞不前的基本原因。

这个道理,只要简单比较一下中西社会发展之异同就更清楚了。为什么春秋战国时代中西同样繁荣进步?根本说来,岂不就是因为那时的中国和西方同样崇尚思想自由原则。西方有普鲁泰克拉、苏格拉底、柏拉图、亚里士多德等等百花齐放;中国有孔孟、老庄、墨子、韩非子、公孙龙子等等百家争鸣。为什么中世纪中西同样萧条停滞?岂不就是因为那时中西同样丧失了自由而支配于专制主义道德。为什么近代以来,西方突飞猛进,中国却极大地落伍了?岂不就是因为西方摆脱了专制主义而极大地发扬光大了自由原则,而中国却一如既往甚至变本加厉。为什么美国经过短短200多年就成为世界第一强国?最根本的原因岂不就在于崇尚自由乃是美国的主流意识形态?

我在北京大学讲课时,曾问学生们:北京大学最需要什么?最需要大师吗?最需要伟大的物理学家、化学家、生物学家,最需要伟大的经济学家、法学家、政治学家,最需要伟大的哲学家、伦理学家,是吧?同学们齐声答道:是的!我说:错啦!同学们,你们的回答是错的。北京大学最需要的是思想自由!中国最需要思想自由!最需要符合国家制度价值标准的好制度!有了思想自由,有了言论出版自由,有了好国家制度,没有孔子和亚里士多德,我们也能创造出孔子和亚里士多德!没有牛顿和爱因斯坦,也能创造出牛顿和爱因斯坦!然而,如果没有思想自由,没有言论出版自由,没有好国家制度,即使有孔子和亚里士多德,即使有牛顿和爱因斯坦,也必定扼杀他们于摇篮中,或者改造而使之沦为平庸!

陈独秀肖像

因此，陈独秀1916年在《新青年》的《吾人最后之觉悟》文章中写道："吾敢断言曰：伦理的觉悟，为吾人最后觉悟之最后觉悟。"诚哉斯言！吾人的伦理觉悟——从而抛弃恶劣道德而奉行优良道德——实乃吾人最后觉悟之最后觉悟，说到底，推行优良道德从而实行好国家制度是国家繁荣进步的最后最根本原因；推行恶劣道德从而实行坏国家制度是国家停滞不前的最后最根本原因。伦理学是关于优良道德的科学，主要是研究国家制度好坏的价值标准的科学，因而对于人类用处莫大焉，是具有最大价值的科学之一。

思考题

1. 伦理学诞生之前,道德早已存在;正如语言学诞生之前,语言早已存在一样。那么,伦理学究竟是干什么用的?达尔文论及人类道德的荒谬时曾这样写道:"极为离奇怪诞的风俗和迷信,尽管与人类的真正福利与幸福完全背道而驰,却变得比什么都强大有力地通行于全世界。"试由此解析和比较伦理学的三种定义:伦理学是关于道德的科学;伦理学是关于优良道德的科学;伦理学是关于道德价值的科学。

2. 试论休谟难题和伦理学公理。一些人,如大物理学家爱因斯坦,把诸如基督教的"黄金律"和儒家的"己所不欲勿施于人"等命题当作伦理学公理。他们的观点对吗?试确立一些伦理学公理,然后看看,从你所确立的伦理学公理能否推导出伦理学的全部内容、全部对象?

3. 从中西社会发展之异同,解析陈独秀的名言:"自西洋文明输入我国,最初促吾人之觉悟者为学术,相形见绌,举国所知矣;其次为政治,年来政象所证明,已有不克守缺抱残之势。继今以往,国人所怀疑莫决者,当为伦理问题。此而不能觉悟,则前之所谓觉悟者,非彻底之觉悟,盖犹在倘恍迷离之境。吾敢断言曰:伦理的觉悟,为吾人最后觉悟之最后觉悟。"

参考文献

弗兰克纳:《伦理学》,三联书店1987年版。
王海明:《新伦理学》(修订版)上、中、下三册,商务印书馆2008年版。
Stevn. M. Cahn, Peter Markie, *Ethics: History, Theory, and Contemporary Issues.* **Oxford University Press, New York, Oxford, 1998, p.681.**

第一章
道德本性：道德起源和目的

　　道德与法一样，就其自身来说，不过是对人的某些欲望和自由的压抑、侵犯，因而是一种害或恶；就其结果和目的来说，却能够防止更大的害或恶（如社会的崩溃）和求得更大的利或善（如社会的存在发展），因而是净余额为善的恶，是必要的恶。美德与道德一样，就其自身来说，不过是对拥有美德的人的某些欲望和自由的压抑、侵犯，因而是一种害或恶；但就其结果和目的来说，却能够使拥有美德的人防止更大的害或恶（如身败名裂）和求得更大的利或善（如安身立命），因而是净余额为善的恶，是必要的恶。所以，道德的起源与目的不可能是自律的，不可能是为了道德自身、为了完善每个人的品德；而只能是他律的，只能是为了道德和美德之外的他物：人类与非人类存在物的利益和幸福。但是，只有道德的特殊的和直接的起源、目的以及标准，才可能是为了增进动植物等非人类存在物的利益；而道德终极的起源、目的和标准，则只能是为了增进人类的利益。这样，一方面，当人类与动植物等非人类存在物的利益一致时，便应该遵循道德的特殊的、直接的目的和标准，便应该既增进人类利益又增进动植物的利益，甚至应该为了增进动植物的利益而增进动植物的利益;另一方面,当动植物等非人类存在物的利益与人类的利益发生冲突不可两全时,道德的特殊的直接的目的和标准便不起作用了;这时,便应该诉诸道德终极目的和标准"增进人类的利益",从而应该牺牲动植物等非人类存在物的利益而保全人类的利益。

"绪论"已经说明了元伦理学的核心问题:道德价值推导公式。因此,从正文第一章开始,我们就进入规范伦理学,解析道德价值推导公式的第一个命题"前提1 道德目的如何"。道德的起源和目的是一个难题,从古至今一直争论不休。这些争论可以归结为两大流派。一派可以叫做"道德起源和目的自律论",以儒家、康德和基督教为代表,认为道德和美德是一种内在善,因而道德的起源和目的是自律(自律就是源于自己、为了自己和被自己决定)的:道德的起源和目的就是道德自身,就是为了道德自身,就是为了完善人的品德,从而使人与其他动物区别开来,实现人之所以为人者。另一派可以叫做"道德起源和目的他律论",主要代表是法家、道家和西方的边沁、穆勒、西季威克等伦理学家,认为道德和美德是一种必要恶,因而道德的起源和目的一定是他律(他律就是源于他物、为了他物和被他物决定)的,一定是道德之外的他物,是社会的存在发展,说到底,是增进每个人的利益和幸福。因此,解析道德起源和目的的起点显然是:究竟什么是善与恶?

1. 善与恶:偷盗欲望的满足是善

何谓善?孟子曰:"可欲之谓善。"[1] 两千年后,罗素在给善下定义时完全复述了孟子的定义:"我认为,当一个事物满足了愿望时,它就是善的。或者更确切些说,我们可以把善定义为愿望的满足。"[2] 饶有风趣的

---
[1] 《亚里士多德全集》第八卷,苗力田等译,中国人民大学出版社1992年版,第244页。
[2] 《伦理学和政治学中的人类社会》,肖巍译,中国社会科学出版社1992年版,第66页。

是，孟子的"可欲之谓善"，从古到今都没有引起争论。可是，罗素的"善是愿望的满足"却在西方学术界引起轩然大波。因为照此说来，小偷偷盗，如果成功了，他偷盗欲望得到满足了，就是善；如果没有得手，失败了，他偷盗的欲望没有得到满足，就是恶。这岂不荒唐？并不荒唐！

因为细究起来，善恶与好坏或正负价值是同一概念：客体有利于满足主体需要欲望目的的效用性，叫做正价值，也就是所谓的好或善；客体有害于满足主体需要欲望目的的效用性，叫做负价值，亦即所谓的坏或恶。小偷偷盗成功，他偷得钱财的欲望得到满足，对于他当然是一种好事，是一种"善"。小偷偷东西是一种恶，是一种坏事，只是对别人说的，是对于被偷的人说的。被偷的人，如富婆、大款，有钱的人，他们的愿望就是不被偷窃。小偷偷他们，就使得他们不被偷盗的愿望得不到满足。因此，小偷偷东西对于他们来说就是一件坏事，是恶。因此，善就是欲望的满足，恶就是欲望的不满足：何荒唐之有？

常识所谓"善"，如助人为乐是善，原本是一种省略语，省略了"道德"二字，是"道德善"的省略语，仅仅是指"道德善"。助人为乐是善，其实是说：助人为乐是道德善。善分为道德善与非道德善。偷盗欲望的满足是善，其实是说：偷盗欲望的满足是非道德善。不论是道德善还是非道德善，说到底，都是对于欲望的满足，都是对于需要、欲望和目的的实现。只不过，道德善所满足的，是社会的欲望，是社会创造道德的需要、欲望和目的，是道德目的；反之，非道德善满足的，则是行为者个人欲望，是个人目的。

善又有"内在善"与"外在善"之分。所谓"内在善"(intrinsic good)也可以称之为"目的善"(good as an end)或"自身善"(good-in-itself)，是自身就是可欲的、就能够满足需要、就是人们追求的善。例如，健康长寿能够产生很多善的结果，如更多的成就、更多的快乐等等。但是，即使没有这些善结果，仅仅健康长寿自身就是可欲的，就是人们追求的，就是善。因此，健康长寿乃是内在善。反之，所谓"外在善"(extrinsic good)也可以称之为"手段善"(instrumental good)或"结果善"，乃是其结果是可欲的、能够满足需要、从而是人们追求的善。例如，冬泳的结果是健康长寿。所以，冬泳的结果是可欲的，是一种善，是人们所追求的目的；而冬泳则是达到这种善的手段，因而也是一种善。但是，冬泳这种善与它的结果——健康长寿——不同，它不是人们追求的目的，而是人们用来达到这种目的的手段，因而叫做"外在善"或"手段善"。

不难看出，内在善与手段善的区分往往是相对的。因为内在善往往同时也可以是手段善；反之，亦然。健康是内在善。同时，健康也可以使人建功立业，从而成为建功立业的手段，成为手段善。自由可以使人实现自己的创造潜能，是达成自我实现的善的手段，因而是手段善。同时，自由自身就是可欲的，就是善，因而又是内在善。那么，有没有绝对的内在善？有的。所谓绝对的内在善，亦即至善、最高善、终极善，也就是绝对不可能是手段善而只能是目的善的内在善。这种善就是幸福；因为幸福只能是人们所追求的目的，而不可能是用来达到任何目的的手段。

相应地，恶分为自身恶与结果恶。结果是恶的东西，其自身既可能阻碍满足需要、实现欲望、达成目的，从而是恶的；也可能有利于满足需要、实现欲望、达成目的，从而是善的。自身与结果都是恶的东西，如部分癌病，可以名之为"纯粹恶"。自身是善而结果是恶的东西，一般说来，其善小而其恶大，其净余额是恶，因而也属于"纯粹恶"范畴。举例说，吸毒、放纵、懒惰、奢侈、好色、贪杯等等绝大多数恶德，就其自身来说，都是一种需要的满足、欲望的实现、目的的达成，因而都是善；但就其结果来说，却阻碍满足或实现更为重大的需要、欲望、目的，因而是更为巨大的恶；其净余额是恶，因而也是一种纯粹的恶。反之，自身是恶的东西，其结果既可能是恶，也可能是善：前者如部分癌病，因而属于纯粹恶范畴；后者如阑尾炎手术，因而可以称之为"必要恶"。

必要恶既极为重要，又十分复杂。我们可以把它定义为"自身为恶而结果为善并且结果与自身的善恶相减的净余额是善的东西。"必要恶，就是这样的一个东西，这个东西本身是对于欲望的一种压抑、阻碍，因而是一种恶和害；但其结果却能够避免更大欲望被压抑和实现更大的欲望，能够避免更大的恶和害，求得更大的善和利。因此，这个东西的净余额——亦即它的结果的较大的善和它本身较小的恶进行加减所得出的净余额——却是利和善，而不是恶和害。

阑尾炎手术本身是一种恶和害，因为它在人的肚子上开一个大口子，大伤元气，医生一旦马虎，还有可能把剪刀、纱布忘在里面。但是，阑尾炎手术的结果能够避免更大的恶：死亡。所以其净余额是善和利，而不是害和恶，因而是一种必要恶。另一种必要恶，不是能够避免更大的恶，而是能够求得更大的善。比如说，我冬泳已有十五个年头了。但每次下水都是有一番犹豫的，因为水温是零度，寒冷刺骨，那是非常难受的，那是对于我贪图舒适愿望的一种破坏、压抑和阻碍，因而是一种恶；但是它能够求得更大的善：健康长寿。所以它的净余额是一种善和利，而不是害和恶，因而是一种必要恶。

2. 道德起源与目的：两个小女孩的命运

善与恶的解析使我们可以发现，道德与美德，并不是内在善，而是必要恶。对于道德的这种本性，弗洛伊德主义者曾举了一个著名的例子。两个小女孩，一个是出生寒门，她对自己的道德要求比较低，良心较弱，品德较差。人穷志短，马瘦毛长，肚子吃不饱，恐怕就不要脸了。另一个小女孩出身名门，家境富裕，她对自己的道德要求较高，良心较强，品德较好。俩人同样做了一件受到禁忌的事情，在性的方面越轨，干了一件坏事。结果怎样呢？对自己的道德要求高的那个小女孩，遭受内疚感和罪恶感的折磨，最后成为神经症患者。反之，那个穷苦的、对自己的道德要求较低的女孩，没有受到这种内疚感和罪恶感的折磨，没有得什么神经症，而是健康地成长起来了。这个故事表明：有时候品德好反而会遭受精神折磨；相反，品德不好却不会。这是为什么？

原来，人类社会活动可以分为财富活动与非财富活动。财富活动又分为

孟子肖像

两类：一类是关于物质财富的活动，亦即对于物质财富的生产、分配、交换和消费，叫做经济；另一类是关于精神财富的活动，如著书立说、出版发行、演戏歌唱、演小品说相声等等，叫做文化。非财富活动也分为两类。一类是与财富没有必然联系的活动，如婚丧嫁娶、欺诈斗殴、亲朋往来等等，可以称之为人际交往。另一类非财富活动则是与财富有必然联系的活动，亦即不创造财富的管理活动，包括政治、德治、法与道德：政治是权力管理，是依靠暴力组织对于人们的行为应该且必须如何的管理；德治则是非权力管理，是依靠舆论等非权力力量对于人们的行为应该而非必须如何的管理；法是权力规范，是社会制定或认可的关于具有重大社会效用的行为应该且必须如何的权力规范；道德是非权力规范，是社会制定或认可的关于具有社会效用的行为应该而非必须如何的非权力规范。这七种活动之总和，便是所谓社会。因为所谓社会，静态地看，是两个以上的人因一定关系而结合起来的共同体；动态地看，则是人们相互交换活动、共同创造财富的利益合作体系：增进每个人利益是社会最终目的。如下图所示：

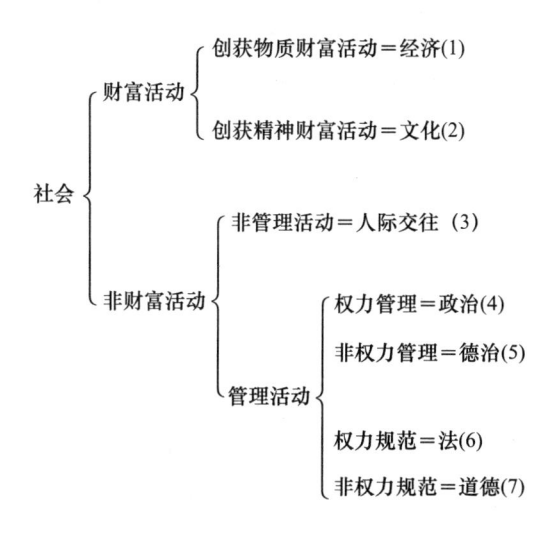

```
                ┌ 财富活动 ┌ 创获物质财富活动 = 经济 (1)
                │          └ 创获精神财富活动 = 文化 (2)
                │
社会 ┤          ┌ 非管理活动 = 人际交往 (3)
                │
                └ 非财富活动 ┤         ┌ 权力管理 = 政治 (4)
                            │         │ 非权力管理 = 德治 (5)
                            └ 管理活动 ┤
                                      │ 权力规范 = 法 (6)
                                      └ 非权力规范 = 道德 (7)
```

综观人类七大社会活动可知，道德不但与政治和法一样，源于经济、文化和人际交往的存在发展之需要，目的是保障经济、文化和人际交往的存在与发展；而且源于政治、法和德治的存在与发展之需要，目的在于造就优良政治、良法和优良德治：促进经济发展和繁荣文化以及保障人际交往自由安全，是道德与法和政治的共同的普遍目的；造就优良政治、良法和优良德治则是道德的特有的普遍目的。于是，道德便具有六大普遍的起源和目的：经济、文化、人际交往、法、政治和德治。

这样一来，道德的起源和目的便是他律的而不是自律的：道德不是源于道德自身，而是源于道德之外的他物，源于社会、经济、文化、人际交往、政治、法和德治；道德目的不是为了道德自身，不是为了完善每个人的品德，而是为了道德之外的他物，为了保障社会、经济、文化、人际交往、政治、法和德治的存在发展，最终增进每个人利益。那么，道德的起源和目的究竟为什么只能是他律的而不是自律的？

因为道德与法和政治一样，乃是一种必要恶。细察人类全部社会活动对于人的利害关系，不难看出：政治、德治、法、道德四种活动与经济、文化和人际交往三种活动根本不同。经济和文化创造物质财富和精神财富，直接满足人的物质需要和精神需要；人际交往活动虽然不创造财富，却直接满足人的交往需要。因此，三者就其自身来说，都是"内在善""目的善""自身善"，其自身而非其结果就是可欲的，就能够满足人类需要，就是人类追求的善。

相反地，政治、德治、法和道德，就其自身来说，不但不创造财富，而且还是对人的管理和规范，叫你干这个不让你干那个，是对每个人的自由和愿望的一种限制、压抑和侵犯，因而都是一种恶：恶就是愿望受到限制、压抑和侵犯嘛。当然，这是一种必要恶。因为如果没有道德、德治、政治和法律，社会必定崩溃；相反地，有了道德、德治、法和政治，每个人的愿望虽然受到一定的限制、压抑和阻碍，但是社会却能够存在；而只有社会存在，每个人才能够安全生存发展。所以道德、德治与政治和法律，虽然就其本身来说是一种恶，但是就它们的结果来说能够避免更大的恶，避免社会的崩溃，能够带来更大的善，亦即保障社会的存在和发展，最终能够实现每一个人的生存发展，因而是一种必要的恶。

法律是权力规范，依靠的是权力和暴力，是一种必要的恶，已无争议。反之，道德依靠的是舆论，依靠的是教育，它对人的自由和愿望的侵犯就比较轻微，因而还没有人认为道德是一种必要恶。殊不知，越是柔弱温和的东西，往往越是残酷厉害。鲁迅早就借老子的口说过：你看那舌头和牙怎么样？舌头是软的，牙是硬的。但牙都掉了，而舌头却依然存在。越柔的东西对人的侵犯往往越严酷！道德和美德就是这样一个东西！道德对人的侵犯比法律对人的侵犯要深广得多，要严重得多。因为法律仅仅规范人的极小一部分行为，就是那些具有社会重大作用的行为；而道德则规范、侵犯人的一切行为。道德堪称无孔不入，什么事情它都要管。法律只要你不杀人放火就可以了；道德却要求你的一切行为都应该循规蹈矩。所以道德对人的侵犯，比起法律要多得不可比拟。

不但如此，法律对人的要求较低因而侵犯较轻，它只是要求你不害人，它是一种底线伦理：法律是道德的底线。而道德对人的要求较高因而侵犯较重，它不仅要求不害人，而且还要求自我牺牲。哪有法律要求自我牺牲的？所以，道德对人的侵犯更高、更强、更重。它要求你自我牺牲啊！法律仅仅触及你的皮肉，打你，或者是给你判刑；而道德则侵犯你的灵魂，叫你受尽心灵的折磨！叫你日夜不得安宁！所以，法律不会造就神经症，但是道德可以造就神经症。弗洛伊德以那两个小女孩举例，表达的就是这个道理。那个患神经症的女孩之所以患神经症，就是因为她对自己的道德要求高；而另一个女孩之所以没有患神经症，就是因为她对自己的道德要求低。所以，如果说法律是一种必要恶，那么，道德就更是一种必要恶了。

道德与政治和法律一样，是一种必要恶，意味着：道德的起源与目的不可能是自律的：一方面，道德不可能起源于道德自身，不可能起源于完善自我品德之个人道德需要；另一方面，道德目的不可能是为了自身，不可能是为了完善每个人的品德而满足个人道德需要。因为道德既然就其自身来说，都仅仅是对人的某些欲望和自由的限制、压抑、侵犯，都仅仅是一种害和恶，那么，如果说道德目的就是为了道德自身，就是为了完善人的品德，岂不就等于说：道德的目的就是为了给予每个人以害和恶？岂不就等于说：道德目的就是为了限制、压抑、侵犯人的欲望和自由？岂不就等于说：道德就是为了压抑人的欲望而压抑人的欲望，就是为了侵犯人的自由而侵犯人的自由，就是为了害人而害人，就是为了作恶而作恶？

任何必要恶，就其自身来说，既然是一种恶，因而皆不能自成目的：一切"必要恶"的目的都在这种"必要恶"之外的他物。阑尾炎手术是一种必要恶，其目的不可能是其自身，不可能是为了给你的肚子豁一个口子；它的目的一定在阑尾炎手术之外的他物：避免死亡。道德是一种必要的恶，因而道德的起源和目的一定是他律的而不是自律的：道德不是源于道德自身，而是源于道德之外的他物——社会、经济、文化、政治和法——道德目的不是

两个女孩，衣衫褴褛的穷女孩健康无病，衣衫整洁端庄的富女孩患神经症。

为了道德自身，不是为了完善每个人的品德，而是为了道德之外的他物，为了保障社会、经济、文化、政治和法的存在发展，最终增进每个人利益。这种观点就叫做道德他律论。因此，所谓道德他律论，亦即道德起源和目的他律论，就是认为道德起源和目的在于道德和美德之外的他物——亦即每个人的利益和幸福——的理论，因而是道德起源和目的之真理。

3. 道德起源与目的：人与动物的分界

与道德起源和目的他律论相反，自律论认为道德起源于道德自身，起源于每个人完善自我品德的需要；目的在于道德自身，在于完善每个人的品德，实现人之所以异于禽兽、人之所以为人者。这种观点能否成立？否，因为美德并不能把人和动物区别开来，动物也一样是有美德的。狗就有忠诚的美德，甚至比人更忠诚。试问，谁人的忠诚比得上狗的忠诚？狗和其他的动物不仅有"忠诚"的美德，它们有的还能够达到美德的最高境界：自我牺牲。达尔文在《人类的由来》中写道，有一小群狒狒突然发现一大群猎狗围上来，就奋力跑到另一座山上，突破了猎狗的包围。但是，当狒狒们到了安全的地方时，才发现有一只小狒狒掉了队，被猎狗团团围住。在这千钧一发的危急关头，一只大狒狒——它并不是小狒狒的父母——竟然冒着必死无疑的危险，独自冲下山来，闯入狗的包围圈，抱起小狒狒就跑。这一奋不顾身的举动把猎狗们弄得目瞪口呆，等到明白过来时狒狒已经冲出了包围圈。这是何等富有自我牺牲的崇高美德啊！《人类的由来》还讲到，有一只小猴子对饲养员的感情很深，满怀热爱之心。它与一只大狒狒关在一个笼子里，小猴子平常最怕那个大狒狒。狒狒多凶猛啊，它敢和狗熊搏斗。这天大狒狒突然发怒，一口就把饲养员的脖子咬住了，咬住了就不撒口，牙齿一点一点向里推进，越来越深，饲养员眼看就要被咬死了。这时，小猴子突然不顾一切地跑过来，在大狒狒脖子上狠狠地咬了一口，大狒狒大叫一声，嘴撒开了，饲养员跑出来了。这是何等难能可贵的美德啊！所以，非人类动物不但有美德，而且可以具有最高尚的美德；因而认为道德目的就是使人品德高尚从而与其他动物区别开来的观点，是根本不能成立的：这种观点不过是一种极其陈腐过时的人类中心主义的滥调罢了。

　　道德自律论的错误，根本说来，在于混同道德目的与行为目的。道德不能以道德、品德为目的。那么，一个人的行为能够以道德、品德为目的吗？能够是为了自我品德的完善吗？答案是肯定的。诚然，美德就其自身来说是对欲望的压抑，是一种恶，因而一个人最初不可能为了美德而求美德；他最初追求美德的目的纯粹是为了利己：美德只是他利己的手段。但是，手段可以变成目的。金钱本来只是手段，但是，它可以变成目的，事实上，有将金钱只当作目的而不再当作手段的人：这种人就叫做吝啬鬼。巴尔扎克的《欧也妮·葛朗台》中的那个老葛朗台就是这种吝啬鬼。

　　他原本是一个箍桶匠，一开始，金钱当然只是他购买各种东西的手段。

但是，随着金钱不断给他带来快乐和利益，他越来越爱钱，以致金钱在他那里不再是手段而只是目的了：他变成了吝啬鬼。但他运气好，适逢拿破仑发动战争需要大量的木桶而发了财。他把一麻袋一麻袋的金币放进地窖，却不修补自家的破楼梯，以致他相濡以沫的老伴儿的脚崴了，他也坚持不修。为什么？因为金钱只是目的而不是手段，用来修楼梯，岂不成了手段？那么，这些钱究竟干什么用呢？唯一的用处就是：当老葛朗台悄悄来到地窖，打开麻袋，伸手进去一遍一遍抚摸金币，陶醉于金币被抚摸和碰撞时所发出的铿锵声。

可见，手段可以变成目的。美德与金钱一样，本来只是每个人利己的手段。因为人是社会动物，每个人的一切利益和快乐都是社会和他人给予的。社会和他人给予一个人利益和快乐，无疑是有条件的，这个条件就是：你必须有德而不能缺德。你要是缺德，你就必定要丧失你所能够从社会和他人那里得到的一切利益和快乐。所以，美德乃是每个人安身立命之根本手段。但

老葛朗台夜半人静时分在地窖中抚摸一袋袋金币，无比惬意。

是，逐渐地，一个人便可能因美德不断给他利益和快乐而爱美德：爱就是对利益和快乐的心理反应。一个人一旦爱上了美德，他就会为了美德而求美德，美德就从手段变成了目的。

于是，一个人的行为可以源于其完善自我品德的需要，目的是为了完善自我品德、为了道德自身：这是个人行为的起因和目的方面的道德自律。但是，社会创造道德的目的却绝不可能是为了道德自身，绝不可能是为了完善人的品德。就这一点来说，道德与金钱一样：一个人的目的可以是为了金钱自身；但社会创造金钱的目的却绝不可能是为了金钱自身。道德起源与目的自律论的错误，就在于等同"行为起因与目的"的道德自律与"道德起源与目的"的道德自律，从而由个人的行为可以起因于完善自我品德需要、目的是为了自我品德的完善之正确前提，而得出错误结论：道德起源于人的品德完善的需要、目的是为了完善每个人的品德。

4. 道德起源与目的：劈一棵树的错误不亚于砍一个人

道德的起源和目的是他律的，而不是自律的。如果我们的研究止于此，那还不能解决今日西方生态伦理学的核心问题：道德的起源与目的是否包括动植物等非人类存在物的利益？康德的回答似乎是肯定的，因为他曾说过：如果一条狗长期忠诚地服务于它的主人，当它老得无法继续提供服务时，它的主人应该供养它直至死亡；如果杀死或遗弃它，则是不应该、不道德、缺德的。可是，为什么杀死一条老狗是缺德的，杀死敌人却不但不缺德，反倒杀死的越多越有美德？敌人不也是人吗？难道人的道德价值还不如狗吗？可以科学地解释这个问题的基本概念，就是"道德共同体"。

所谓道德共同体，顾名思义，就是应该按照道德规范相互对待的一切个体和群体的总和。敌人显然在道德共同体之外，或者说，敌人不是道德共同体的成员。因为我们与敌人是不能按照道德规范相互对待的。对敌人是不能讲道德的：杀死敌人不但不是缺德，而且杀死的越多反倒越有美德。同样，石头也不是道德共同体的成员，因为我们与石头是不能按照道德规范相互对待的。对石头也是不能讲道德的。我们不能说打碎石头是不道德的，也不能说保全石头是道德的：怎么样对待石头都无所谓道德不道德。那么，道德共同体的界限究竟应该划定在哪里？

当代美国生态伦理学家泰勒有一句名言："弄死一株野花犹如杀死一个人一样错误。"[①] 这就是说，道德共同体的界限不应该像传统伦理学或人类中心主义所认为的那样，只以人类为限，而应该遵循今日生态伦理学或非人类中心主义的主张，以动植物等一切生物为限。这样一来，野花就与人类一样，都是道德共同体成员，因而弄死一株野花就犹如杀死一个人一样不道德、一样错误了。可是，这种观点能成立吗？

所谓被道德地对待或道德关怀，说到底，无疑是一种受益和受害的问题。这样一来，也就只有能够受益和受损的东西，只有具有利益的东西，只有具有分辨好坏利害的评价能力和趋利避害的选择能力的东西，才可能存在被道德地对待或道德关怀的问题，才可能成为道德共同体的成员。一块石头，无论如何对待它，是把它打碎还是好好放起来，都无所谓道德不道德。因为石头不具有分辨好坏利害的评价能力和趋利避害的选择能力，没有利益可言。所以，石头不存在受益和受损的问题，不存在是否被道德地对待或道德关怀的问题，因而也就不可能是道德共同体的成员。反之，如何对待狗，是殴打它、折磨它还是好好地养着它，则存在着道德不道德的问题。因为狗具有分辨好坏利害的评价能力和趋利避害的选择能力：狗拥有利益。所以，狗存在受益和受损的问题，存在是否被道德地对待或道德关怀的问题，因而可以是道德共同体的成员。

那么，是否只有狗和家畜等动物才具有分辨好坏利害的评价能力和趋利避害的选择能力从而才具有利益？不是。因为任何生物对于作用于它的东西，都具有分辨好坏利害的评价能力和趋利避害的选择能力。这种能力的最低级形态，就是所谓"趋性运动"。例如，植物叶肉细胞中的叶绿体，在弱

[①] Roderrick Frazier Nash, *The Rights of Nature: A History of Environmental Ethics*. The University of Wisconsin Press, London, 1989, p.155.

光作用下，便会发生沿叶细胞横壁平行排列而与光线方向垂直的反应；在强光作用下，则会发生沿着侧壁平行排列而与光线平行的反应。这两种反应显然都是分辨好坏利害的评价能力和趋利避害的选择能力的表现：前者是为了吸收有利自己的最大面积的光；后者是为了避免吸收有害自己的过多的光。说到底，都是为了保持内外平衡，从而生存下去。

因此，分辨好坏利害的评价能力和趋利避害的合目的性选择能力是一切生物——人、动物、植物和微生物——所固有的属性，因而一切生物都拥有利益。那么，是否由此可以得出结论说，一切生物都应该得到道德关怀从而都是道德共同体的成员？当代生态伦理学家的回答大都是肯定的。在他们看来，具有分辨好坏利害的评价能力和趋利避害的选择能力从而具有利益，是应该得到道德关怀从而具有道德共同体成员资格的充分条件："只要某个生物感知痛苦，便没有道德上的理由拒绝把该痛苦的感受列入考虑。"[①]这样一来，一切生物便都因其具有利益而都应该得到道德关怀从而都是道德共同体的成员。然而，这种观点是不能成立的。因为照此说来，那些给人类带来极其巨大灾难的生物，如霍乱、鼠疫、梅毒、乙肝、艾滋病等病毒和细菌以及虱子、跳蚤等等，便与那些给人类带来巨大福利的生物同样是道德共同体的成员，因而同样应该得到道德关怀。难道还有比这更荒谬可笑的吗？

其实，能够趋利避害从而具有利益，只是应该得到道德关怀从而具有道德共同体成员资格的必要条件而非充分条件。非人类存在物应该得到道德关怀从而成为道德共同体成员，不但必须具有利益，而且还必须对人类有利，给人类带来利益，能够与人类构成一种大体具有互惠关系的利益共同体。因为即使是人，也并不都应该成为道德共同体的成员。一个人，如果是一个害人精，杀人放火、无恶不作，他就应该被关进监狱而不能成为道德共同体的成员了。即使一个人是好人，是个战斗英雄，但是，如果他是我们正与之交战的敌人，那么，我们就应该杀死他：敌人不可能是道德共同体的成员。所以，我们杀死敌人，并不是不道德的。相反地，我们杀死的敌人越多，我们

---

① 彼得·辛格：《动物解放》，光明日报出版社1999年版，第12页。

就越是英雄好汉，我们就越拥有美德。人尚且如此，更何况非人类存在物？

所以，对人类有利，乃是非人类存在物应该得到道德关怀从而成为道德共同体成员的更为根本的必要条件：具有利益是应该得到道德关怀的前提；对人类有利则是应该得到道德关怀的依据。那么，这两个条件结合起来，是否能够成为道德关怀的充分条件？是的。具有利益并且有利于人类，乃是非人类存在物应该得到道德关怀从而成为道德共同体成员的充分条件：任何存在物，只要具有利益并且有利于人类，就应该得到道德关怀从而成为道德共同体成员。因为一种能够分辨好坏利害和趋利避害的具有利益的生物，如果给了我们利益，那么，我们就应该心存感激，也回报它们以利益，而绝不应该给它们以不必要的损害。只有如此，我们对它们才是公正的、道德的；否则，如果我们不是回报它们以利益，而是回报它们以损害，对于它们可能就是恩将仇报、忘恩负义，就是不公正的、不道德的。

还是拿康德的那条老狗来说。它曾长期忠诚地服务于它的主人，甚至于危难之际救了它主人的性命。那么，主人是否也应该回报它以巨大的利益呢？主人是否应该在它老得无法继续提供服务时，供养它直至死亡呢？是的。然而，主人为什么应该这样做呢？为什么一个有良心的主人如果这样做就会心安理得？否则，如果不这样做而是杀死它，就会内疚而良心不安呢？显然是因为按照等利交换的公平原则，老狗给予了主人巨大的利益，那么，主人回报老狗以相应巨大的利益，就是老狗应得的。这样，主人只有给予它巨大的利益，才符合等利交换的公平原则，对于它才是公平的、善的，因而当主人这样做时，他才会感到良心安宁。反之，如果杀死这条老狗，对于它就是不公平的、恶的、缺德的，因而当主人这样做时，他会感到内疚而良心不安。

对于狗是如此，对于其他生物亦然。试想，一方面，树木给了我们巨大利益；另一方面，树木也具有一定的分辨好坏利害的评价能力和趋利避害的选择能力，从而也具有一定的利益。因此，按照公正原则，我们对于树木就应该心存感激，也回报它们以利益，而绝不应该给它们以不必要的损害。否则，如果我们不是回报它们以利益，而是回报它们以不必要的损害，随意折断树枝和践踏花草，就违背了等利交换的公正原则，使它们遭受了不公正、不道德的对待，因而是不应该的、不道德的。所以，泰勒一再说，随意拔除一棵植物与杀死一个人同样是一种道德错误："弄死一株野花犹如杀死一个人一样错误。"阿比(Edward Abbey)也这样写道："我不愿将斧刃劈入一棵活树的枝干的程度，并不亚于我不愿用它来砍进一个人的肉体的程度。"[①] 因此，具有利益并且有利于人类，从而能够与人类构成一种大体具有互惠关系的利益共同体，乃是非人类存在物应该得到道德关怀从而成为道德共同体成员的充分条件：有利于人类的一切生物就是道德共同体的界限。

　　人类与有利于人类的动植物等非人类存在物是道德共同体的界限，显然意味着：道德的起源和目的是为了增进人类与动植物等非人类存在物的利益，是为了保障"经济"之发展、"文化产业"之繁荣、"人际交往"之自由安全和 "法""政治""德治"之优良以及动植物等非人类存在物的利益。但是，不难看出，道德的直接的起源和目的，可以是为了增进动植物等非人类存在物的利益；但道德的终极的起源和目的，则只能是为了增进人类的利益，说到底，是为了增进每个人的利益。因为道德目的是衡量一切行为善恶的道德标准：道德的直接的目的是道德的特殊的直接的标准；道德终极目的是道德终极标准。所以，"为了增进动植物的利益"等道德的直接的目的便是道德的特殊的直接的标准；而道德终极标准则只能是道德终极目的："增进人类的利益"。

　　这样，一方面，当人类与动植物等非人类存在物的利益一致时，便应该遵循道德的特殊的、具体的和直接的标准，便应该既增进人类利益又增进动植物的利益，甚至应该为了增进动植物的利益而增进动植物的利益，如当老狗不能再提供服务时，主人应该继续供养直至它死亡等等。但是，另一方面，当动植物等非人类存在物的利益与人类的利益发生冲突不可两全时，道德的特殊标准便不起作用了；这时，便应该诉诸道德终极标准"增进人类的利益"，从而应该牺牲动植物等非人类存在物的利益而保全人类的利益。举

[①] Roderrick Frazier Nash, *The Rights of Nature: A History of Environmental Ethics*. The University of Wisconsin Press, London, 1989, p.169.

泰勒肖像

例说，当一只老虎与一个人相遇，如果不杀死老虎，人就会被咬死，那么，不论这只老虎如何宝贵，哪怕它是世界上仅有的一只而人类大有过剩之虞，也应该杀死老虎而救人性命。因为只有增进人类的利益才是道德终极标准。再比如，人类如果不吃动植物，固然保全了它们的生命，却牺牲了自己的幸福乃至生命：人类的幸福和生命与动植物的生命发生冲突不可两全。在这种情况下，人类吃动植物，固然违背了"增进动植物的利益"的道德特殊标准，却符合"增进人类利益"的道德终极标准，因而是道德的、应该的。

思考题

1. 孟子曰:"人之有道也。饱食、暖衣、逸居而无教,则近于禽兽。圣人乃忧之,使契为司徒,教以人伦——父子有亲、君臣有义、夫妇有别、长幼有序、朋友有信。"这是哪一种道德起源目的论?它是真理吗?

2. 人类中心主义大师阿奎那写道:"我们要驳斥那种认为人杀死牲畜是一种罪过的错误观点。因为根据神的旨意,动物就是供人使用的,这是一种自然的过程。因此,人类如何使用它们并不存在什么不公正:不论是杀死它们,还是以任何方式役使它们。"这种观点能成立吗?

3. 动植物应该得到人类的道德关怀从而成为道德共同体的成员的真正依据,就在于这些动植物有利于人类;有害于人类的动植物是不应该得到人类的道德关怀和不应该成为道德共同体的成员的。问题的关键就在于,一些动植物,如猪、鸡、鱼和红薯、玉米等等,所给予人类的利益,就是作为食物而被人类杀死和吃掉。因此,人类杀死和吃掉动物,不但不是对动植物可以不讲道德的根据,恰恰相反,倒正是它们应该得到人类的道德关怀从而成为道德共同体成员的根据。这说得通吗?

参考文献

达尔文:《人类的由来》,商务印书馆1983年版。
王海明:《人性论》,商务印书馆2005年版。
Paul W.Taylor, *Respect For Nature: A Theory of Environmental Ethics.* **Princeton University Press, Princeton, New Jersey, 1986.**

第二章
道德终极标准

道德终极标准是由若干标准构成的道德标准体系：一个总标准和两个分标准。总标准是在任何情况下都应该遵循的道德终极标准：增减每个人的利益总量。分标准1，是在人们利益不发生冲突而可以两全情况下的道德终极标准，亦即所谓的帕累托标准：无害一人地增加利益总量。分标准2，则是在人们利益发生冲突而不能两全的情况下的道德终极标准："最大利益净余额"标准——它在他人之间发生利益冲突时，表现为"最大多数人的最大利益"标准；而在自我利益与他人或社会利益发生冲突时，表现为"无私利他、自我牺牲"标准。

1. 增减每个人利益总量标准：尾生之信与康德之诚

道德终极标准的提出，源于各种道德规范之间时常发生的冲突。"尾生之信"和"康德之诚"堪称这种冲突的典范。尾生是中国古代的一名青年男子，他和一个女子谈恋爱，约会在大桥底下，因为大桥底下比较偏僻，好说话。但是大桥底下并不安全啊！当尾生赴约来到桥下时，河流涨水，洪水上来了。尾生面临一个道德难题：是守信而留在大桥底下还是离开大桥而逃生失信呢？离开大桥可以自救，但是那样一来就要失信；要是守信而留在大桥底下就不能自救："贵生"道德规范和"守信"道德规范发生冲突而不能两全。他的选择是守信，留在大桥底下！他抱住桥柱子，水往上涨，他就往上爬。结果，尾生被淹死了。这就是尾生之信！

就这一点来说，伟大的康德与尾生同样可笑。因为康德曾举例说，一个凶手正在追杀一个无辜者，这时候有一个人正好目睹了无辜者藏在什么地方。凶手就问这个人：你看见一个人往哪里跑了？这时候这个人就面临着两种道德规范的冲突：是要"诚实"还是要"救人"？如果他要诚实，就得告诉凶手那无辜者藏在哪儿，那他不能救人而是害人了；他要救人，就要违背

尾生之信：为了不违背与心爱女子的桥下之约，尾生在洪水涌来时仍抱着桥墩不肯离开，最终被滚滚洪水淹死。

诚实道德规范而欺骗凶手，说没有看见有什么人跑过和藏在何处，在这种情况下应该怎么办？康德的答复是：要诚实，即使害人，也要诚实，因为诚实是一条"绝对的律令"。我们不妨将此称之为"康德之诚"。

康德之诚与尾生之信何其相似尔！确实，康德犯了和尾生同样的错误。究竟是要诚实还是要救人，要守信还是要自救？这些原则既然发生了冲突，那么，这些原则本身就解决不了应该服从哪一个原则的问题，而只应该诉诸一个更高的原则，如此推导下去，最终应该服从的那个道德原则就是所谓道德终极标准。道德终极标准就是最根本的道德标准，是产生、决定、推导出其他一切道德标准的标准，是在一切道德规范发生冲突时都应该服从而不应该违背的道德标准，是在任何条件下都应该遵守而不应该违背的道德标准，是在任何条件下都没有例外而绝对应该遵守的道德标准，因而也就是绝对道德标准。道德终极标准无疑只能是一个，而不能是两个或两个以上。因为如果有两个，这两个道德原则还可能发生冲突，在发生冲突的时候，就只能遵循其中的一个，而必定违背另一个。那个应该违背的显然不是道德终极标准；而只有那应该遵循的才是道德终极标准。所以，道德终极标准只能是一个。那么，这一个道德终极标准是什么呢？

道德价值推导公式表明，道德目的是衡量一切行为道德价值之标准。但是，道德目的分为道德特殊目的与道德普遍目的。道德特殊目的仅仅能够产生和推导出某些道德规范，而不可能产生和推导出一切道德规范；只可能衡量某些行为之善恶和某些道德之优劣，而不可能衡量一切行为之善恶和一切道德之优劣。这样，道德特殊目的便不可能是道德终极标准。

举例说，许多社会都曾处于这样的阶段：所提供的食品不足以养活不断增加的人口。为了避免所有的人都被饿死，人们所制订和奉行的道德规则不尽相同。爱斯基摩人的规则是将一部分女婴和年老体衰的父母置于雪地活活冻死。巴西的雅纳马莫人的规则是杀死或饿死女婴，并在男人之间不断进行流血的战斗。新几内亚的克拉基人的规则是男人在进入青春期以后的数年内只可建立同性恋关系。

这些人制订这些特殊道德规范的目的，都是为了避免所有的人都被饿死。显然，"避免所有的人都被饿死"这个道德的特殊目的，只能够产生和推导出诸如此类、极其有限的道德规范，而不可能产生和推导出一切道德规范；只能够衡量诸如此类极其有限的行为之善恶和诸如此类极其有限的道德规范之优劣，而不可能衡量一切行为之善恶和一切道德之优劣。因此，"避免所有的人都被饿死"之道德特殊目的不可能是道德终极标准。

道德特殊目的不可能是道德终极标准，显然意味着：道德终极标准只能是道德普遍目的，说到底，乃是道德最终目的：增进全社会和每个人利益。但是，任何标准之为标准，都必须是一种可以量化的东西。所以，道德终极标准应该量化为：增减全社会——亦即经济、文化、人际交往、法、政治之总和——与每个人利益总量。这就是说，评价任何道德优劣和行为善恶，只应看其对全社会——亦即经济、文化、人际交往、法、政治——和每个人利益总量的效用如何：

一方面，哪种道德促进经济和文化发展速度最快、保障人际交往的自由和安全的系数最大、使法和政治最优良、最终增进每个人利益最多，那种道德便最优良；反之，则最恶劣。另一方面，如果一种行为能够增进全社会和每个人的利益总量，那么，不管这种行为本身如何，都是善的，都是道德的、应该的，都是具有正道德价值的；反之，都是恶的、不应该的和具有负道德价值。一句话，不管白猫黑猫，抓住老鼠就是好猫。

2. 最大利益净余额标准：
   电车司机应该驶向哪一条铁道？

在人们的利益发生冲突而不能两全的情况下，增进每个人利益显然是不可能的。在这种情况下，应该选择最大利益净余额：最大利益净余额是解决利益冲突的道德终极标准。所谓"最大利益净余额"，便是选择最小损害而避免更大损害、选择最大利益而牺牲最小利益，便是最小地减少不得不减少的利益、而最大地增进可能增进的利益，从而使利益净余额达到最大限度。

该标准具有积极与消极双重内容。所谓积极方面，是在增进一方利益同时必定减少另一方利益的情况下的最大利益净余额标准，可以概括为"两利相权，取其重"：应该选择最大的利益而牺牲较小的利益。因为在这种情况下，选择最大的利益而牺牲较小的利益，是最大地增进了利益净余额。例如，要增进老百姓的安全利益，必定要打击扒手、减少和牺牲扒手的利益。在这种情况下，显然应该选择增进老百姓的安全利益而打击和牺牲扒手偷窃利益。因为老百姓的安全利益远远大于扒手的偷窃利益：增进老百姓的安全利益而打击和牺牲扒手偷窃利益，是最大地增进了利益净余额。

"最大利益净余额"的消极方面，是在不可避免要遭遇到两种以上的损害情况下的最大利益净余额标准，可以概括为"两害相权，取其轻"：选择最小的损害而避免更大的损害。因为在这种情况下，选择最小的损害而避免更大的损害，是最大地增进了利益净余额。就拿今日西方伦理学界十分流行的"电车"的理想实验来说。一辆飞驰而来的电车，如果不驶向左面的铁道压死一个人，就必定要驶向右面的铁道压死五个人。电车的司机应该驶向那一条铁道？应该驶向左面的铁道压死一个人。因为这样做，是选择最小的损害而避免更大的损害，是最大地增进了利益净余额。

不难看出，最大利益净余额标准不但是解决人们相互间的利益冲突的道德终极标准，也是解决自我利益冲突的道德终极标准：它是解决一切利益冲突的道德终极标准。举例说，我既想放纵情欲，尽情玩乐；又想健康长寿：二者发生冲突，不可兼得。怎么办？我们都知道，应该选择健康长寿、节制玩乐。可是，理由何在？无非是因为，健康长寿的利益大于尽情玩乐的利益：选择健康长寿而牺牲尽情玩乐，净余额是利；选择尽情玩乐而牺牲健康长寿，净余额是害；选择健康长寿而牺牲尽情玩乐，符合最大利益净余额标准。

最大利益净余额乃是解决一切利益冲突——不论是他人之间的利益冲突，还是己他之间的利益冲突，抑或自我各种利益之间的冲突——的道德终极标准，因而也就不能不因利益冲突的类型不同而有不同表现。这些表现，主要讲来，可以归结为两大类型：最大多数人最大利益和无私利他。

一辆失控而无法停下来的电车飞驰到岔道口，司机可以选择使火车驶向左右两条铁路：左面的铁道上站着一个人，右面的铁道上有五个人。

3. 最大多数人最大利益标准：
应该压死一个爱因斯坦还是五个普通人

  大物理学家爱因斯坦喜爱玄学，常请一些学生或同事到他家，他们一边吸烟，一边在吐出的一个个烟圈中漫无边际地空谈。他甚至一辈子没有进过实验室，而只进行理想的假想实验。这里我们"以其人之道还治其人之身"，就拿可爱的爱因斯坦做一个理想实验。姑且还是拿那辆电车来说，如果道岔右边站着的那一个人是伟大的价值极大的爱因斯坦，而左边的那五个是加在一起价值远远小于爱因斯坦的普通人。那么，压死爱因斯坦的净余额是负价值，而压死那五个普通人的净余额是正价值。这样一来，压死五个普通人而保全一个爱因斯坦便符合最大利益净余额原则。可是，这样做是道德

一辆失控而无法停下来的电车飞驰到岔道口,司机可以选择使火车驶向左右两条铁路:左面的铁道上站着爱因斯坦,右面的铁道上有五个普通人。

的、应该的吗?

答案是否定的。在人们利益发生冲突不可两全的情况下,无论如何,都应该保全最大多数人最大利益而牺牲最少数人最小利益:这就是所谓"最大多数人的最大利益"标准。压死爱因斯坦而保全五个普通人,虽然违背最大利益净余额标准,却符合最大多数人最大利益标准:最大多数人最大利益标准优先于最大利益净余额标准。因为在利益发生冲突时,只有增进最大多数人利益和减少最少数人利益,才最接近符合"增进每个人利益总量"这一道德终极总标准:增加多数人利益,比增加少数人利益,更接近增加每个人利益;减少多数人利益,比减少少数人利益,更接近减少每个人利益。道德终极总标准对于最大利益净余额标准,无疑具有绝对的优先性。因此,在利益发生冲突的情况下,首先,应该根据道德终极总标准,保全最大多数人的利益而牺牲最少数人利益；尔后，才应该根据最大利益净余额标准，保全最大利益而牺牲最小利益，从而使利益净余额达到最大限度。

因此，举例说，在利益冲突的情况下，最大多数一方的人数如果占总人数的90%，就应该保全这90%的人的利益而牺牲与其冲突的10%的人的利益；即使相反的选择会达到更大的、最大的利益净余额。如果最大多数一方的人数占51%，就应该保全这51%的人的利益而牺牲49%的人的利益；即使相反的选择会达到更大的、最大的利益净余额。只有在冲突双方的人数都是50%的情况下，保全哪一方的利益净余额最大，才应该保全那最大净余额的一方，而牺牲另一方。所以，对于失控电车究竟应该压死一个爱因斯坦还是五个普通人的难题，正确的答案是应该压死爱因斯坦而保全五个普通人，即使相反的选择会达到更大的、最大的利益净余额。

但是，这些情况无疑统统都是例外而不是常规。按照常规，道德终极总标准与最大利益净余额标准总是完全一致的。因为按照常规，最大多数人的利益无疑都是最大利益；最少数人的利益，无疑都是最小的利益。因而只要保全最大多数人的利益而牺牲最少数人的利益，就能够得到最大利益净余额：最大利益净余额与最大多数人最大利益是一致的。所以，蒙塔古写道："边沁始终认为，实际上，最大量的幸福只有采取措施，谋求最大多数人的幸福时才能达到。"[①]

4. 自我牺牲标准：柯华文事迹的伦理底蕴

柯华文的英雄事迹，恐怕人人皆知。当时歹徒抢劫储蓄所，所里存有两万元人民币，工作人员柯华文与歹徒博斗而壮烈牺牲，曾引起全国学习柯华文英雄事迹的热潮。然而，细一思量，又很令人困惑：难道两万元钱比柯华文的生命还重要？柯华文死得值吗？我们的回答是肯定的。因为社会和他人

[①] 边沁：《政府片论》，商务印书馆1995年版，第36页。

利益，总体讲来，大于自我利益。所以，自我牺牲，其差为利，利益净余额是增加了，符合最大利益净余额标准；反之，损人利己，其差为害，利益净余额是减少了，违背最大利益净余额标准。

诚然，在某些场合，当己他利益发生冲突时，利他之利可能小于利己之利。例如，歹徒抢劫一家储蓄所，所里只存有两万元人民币，工作人员柯华文与歹徒博斗而壮烈牺牲。这里柯华文的利他之利不过两万元，显然小于其利己之利：生命。所以，在这种场合，柯华文自我牺牲，其差是害。但是，从总体上说，当利己与利他发生冲突、不能两全之时，每个人只有牺牲自我利益，才能保障社会存在发展；而只有社会存在发展，每个自我才能生存。反之，如果每个人在己他冲突不能两全时，不是自我牺牲而是损人利己，那么，人们便会彼此损害，社会也就不可能存在发展；社会不能存在发展，每个自我便不可能生存。这样，自我牺牲，就某一具体场合来说，可能害大于

储蓄所值班员柯华文为保护两万元的现金与歹徒英勇博斗。

利；但从总体上说，却既保全了社会，又保全了自我，因而利大于害。

然而，如果牺牲自我性命，从总体上说，也有利自我吗？是的。对于这个道理，合理利己主义者爱尔维修曾举一例。他说，有100个人因轮船失事滞留在一座无物可食的荒岛上，等待救援。终于到了这一天：如果不吃人，所有的人都会饿死。这时，每个人显然都会同意抽签，而中签者自我牺牲，被其他人吃掉。中签者自我牺牲是利己还是害己？表面看是害己。但从总体上看，却是利己。因为他选择了较小可能的死亡：他若不抽签，是百分之百的死亡；他抽签而自我牺牲，只是百分之一可能性的死亡。

可见，不论在何种场合，不论在该场合自我牺牲之差是多么大的害，而损人利己之差是多么大的利；从总体上看，自我牺牲之差却都是利，而损人利己之差却都是害。总体大于局部。所以，自我牺牲的总体之利，大于损人利己的局部之利，其最终净余额是利，是利益总量的增加。因此，当自我利益与社会、他人利益发生冲突、不能两全时，只有自我牺牲，才符合"最大利益净余额"原则，才是应该的、道德的：自我牺牲是在自我利益与社会、他人利益发生冲突情况下的道德终极标准。

5. 无害一人地增进利益总量标准：杀一不辜而得天下不为也

在利益一致不相冲突的情况下，道德终极总标准便具体化为"无害一人地增进利益总量"标准。最早提出这一标准的，恐怕是孟子。他将这一标准概括为一句话："行一不义，杀一不辜而得天下，皆不为也。"[①] 但是，真正确证这一标准的，是经济学家帕累托，因而被称为"帕累托标准"(Pareto Criterion)或"帕累托最优状态"(Pareto Optimum)。所谓"帕累托最优状态"就是这样一种状态：当且仅当该状态没有一种改变能使一些人的境况变好而又不使至少一个人的境况变坏。这一状态之所以为最优状态的依据，则是所

---
① 《孟子·公孙丑章句下》。

谓的"帕累托标准":应该使每个人的境况变好或使一些人的境况变好而不使其他人的境况变坏,简言之,应该至少不损害一个人地增加社会的利益总量:无害一人地增进利益总量。

美国当代道德哲学家哈曼曾由此设计了两个著名的理想实验,不但难倒了自己,也一直令中西学者困惑不已。一个理想实验是这样设计的:一个医生,如果把极其有限的医药资源用来治疗一个重病人,另外5个病人就必死无疑;如果用来救活这5个病人,那个重病人就必死无疑。医生显然应该救活5人而让那一个重病人死亡。反之,另一个理想实验是这样的。有5个分别患有心脏病、肾病、肺病、肝病、胃病的人和一个健康人。这5个病人如果不进行器官移殖,就必死无疑;如果杀死那个健康人,把他的这些器官分别移殖于这5个病人身上,这5个病人就一定能活命,而且会非常健康。医生应该怎么办?显然不应该杀死那一个健康人而救活这5个人。[①] 问题恰恰就在于:为什

对一个健康人进行手术,把他的心、肾、肺、肝、胃分别移植给5个病人,这是道德的、应该的吗?

---

① Louis P. Pojman, *Ethical theory: classical and contemporary readings*, second edition. Wadsworth Publishing Company, USA, 1995, pp.478—479.

么第一个案例应该为救活五人而牺牲一人，第二个案例却不应该为救活五人而牺牲一人？

原来，其中的奥妙就在于，在第一个案例中，五个人与一个人的利益发生了冲突：保全五个人的利益必定损害那一个人的利益；五个人要活命必定导致那一个人死；反之亦然。因此，在这种情况下，医生救活五人而让那一个重病人死亡，符合利益冲突时的道德终极标准——亦即最大多数人最大利益标准和最大利益净余额标准——因而是道德的。反之，在第二个案例中，五个病人与一个健康人的利益并没有发生冲突：保全这个健康人的利益和性命，并没有损害那五个病人的利益和性命；这个健康人的利益和性命并不是用这五个病人的利益和性命换来的。因为并不是那个健康人要活命，就必定导致那五个病人的死；也不是那五个病人的死亡，才换来了那个健康人的活命。那五个人的死亡是他们的疾病所致，而与那一个健康人的活命没有任何关系。没有关系，怎么会发生利益冲突呢？因此，在这种利益不相冲突的情况下，医生如果为救活五个病人而杀死那一个健康人，虽然符合利益冲突时的道德终极标准（亦即最大多数人最大利益标准和最大利益净余额标准），却违背了利益不相冲突的道德终极标准（亦即无害一人地增进利益总量），因而是不道德的、不应该的。这就是为什么第一个案例应该为救活五人而牺牲一人，第二个案例却不应该为救活五人而牺牲一人的缘故。

6. 惩罚无辜：功利主义与义务论之争

总观道德终极标准，可知它并不是一个标准，而是由一个总标准和两大分标准系列所构成的道德标准体系。总标准是在任何情况下都应该遵循的道德终极标准：增减每个人的利益总量。一个分标准系列是在人们利益不发生冲突而可以两全情况下的道德终极标准，亦即所谓的帕累托标准：无害一人地增加利益总量。另一个分标准系列则是在人们利益发生冲突而不能两全的情况下的道德终极标准："最大利益净余额"标准——它在他人之间发生利益冲突时，表现为"最大多数人的最大利益"标准；而在自我利益与他人或社会利益发生冲突时，表现为"自我牺牲"标准。

道德终极标准无疑是伦理学最重要的问题，因而围绕它古今中外学术界一直争论不休。这些争论可以归结为两大流派：义务论和功利主义。"义务论"(deontology)亦称"道义论"(theory of duty)或"非目的论"(non-teleology)，主要代表是儒家、基督教、康德、布拉德雷、普里查德和罗斯。义务论从"道德最终目的就在道德自身，亦即道义和美德本身"的道德起源和目的自律论之错误前提出发，误以为只有为道德而道德、为义务而义务的行为才是应该的，进而误将增减品德的完善境界——无私利他——奉为评价行为是否道德的道德终极标准。功利主义(utilitarianism)又称目的论(teleology)，其代表人物，主要有苏格拉底、休谟、佩利、爱尔维休、霍尔巴赫、巴利、达尔文、斯宾塞、边沁、穆勒、包尔生、西季威克和摩尔等。功利主义从"道德最终目的必在道德之外，亦即增进每个人利益"的道德起源和目的他律论之正确前提出发，进而正确地将增减每个人的利益总量奉为道德终极标准。

耐人寻味的是，虽然功利主义是真理，却遭受众多诘难。这些诘难可以归结为一个著名的理想实验："惩罚无辜。"该理想实验假设，法官明知一个人无辜，但是，如果宣判他死刑，便可阻止一场有数百人丧命的大骚乱。按照功利原则，惩罚这个无辜者便是应该的、道德的。所以，功利原则必导致非正义：惩罚无辜是非正义的。然而，细究起来，该理想实验有两种恰恰相反的可能。

一种可能是，释放无辜和数百人活命发生冲突不能两全。在这种情况下，不惩罚一个无辜必导致数百人丧命。这样，惩罚无辜虽然是非正义的、恶的，却能够避免更大的恶和非正义：数百个无辜丧生。因而惩罚无辜便属于两恶相权取其轻，是应该的、道德的、善的；绝不能说是不道德、非正义。当然也不能由此说惩罚无辜是正义的、公正的：惩罚无辜仅仅是善的，而无所谓正义不正义、公正不公正。

另一种可能则是，释放无辜和数百人活命等利益不相冲突而可以两全，

法官宣判一个可怜
的无辜者死刑。

但惩罚一个无辜者可以极大地增进那数百人乃至全社会利益总量。这样，惩罚无辜便是在人们的利益不相冲突的情况下，通过损害一个人的利益，来增进利益净余额的；因而不论达到何等巨大的利益净余额，也都是不道德、非正义的：惩罚无辜是非正义的。

在这两种情况下，惩罚无辜虽然都达到了最大利益净余额；但是，功利主义只赞成前者而反对后者。因为功利主义标准是"增进每个人的利益总量"：它在人们利益不发生冲突而可以两全的情况下，表现为"不损害一人地增进利益总量"标准；在人们利益发生冲突而不能两全的情况下，则表现为"最大利益净余额"和"最大多数人最大利益"标准。所以，按照功利主义，"最大利益净余额"标准仅仅适用于利益冲突领域：它在人们利益不发生冲突领域，是个不适用的、错误的标准。

准此观之，在释放无辜和数百人活命等利益不相冲突而可以两全的情况下，无论惩罚无辜可以增进多么巨大的利益净余额，功利主义都反对惩罚无辜；只有在释放无辜和数百人活命发生冲突、不能两全的情况下，功利主义才主张惩罚无辜。所以，功利主义绝不会导致非正义。人们之所以认为功利主义必导致非正义，是因为他们抹煞功利主义的"增进每个人利益总量"和"无害一人地增进利益总量"标准，而把功利主义完全等同于"最大利益净余额"或"最大多数人最大利益"标准；于是便由这些标准在人们利益不相冲突而可以两全的情况下必导致非正义，而得出"功利主义必然导致非正义"的错误结论。

思考题

1. 如果今日的美国实行奴隶制更能增进最大利益净余额，那么，美国现在实行奴隶制符合最大利益净余额标准吗？美国现在实行奴隶制就是应该的、道德的吗？但是，由奴隶制取代现代的民主自由制度，是典型的非正义。那么，最大利益净余额标准必然导致非正义吗？
2. 假设杀害一个无辜者，我国就会突飞猛进，成为世界第一强国，从而给最大多数人带来极为巨大的幸福，使全国利益净余额达到最大限度。反之，如果不杀害这个人，我国每个人也并不会受到任何损害；但我国却会发展缓慢，从而最大多数人得不到最大幸福、利益净余额达不到最大限度。在这种情况下，杀害这个倒霉的无辜者是道德的、应该的吗？
3. 一辆飞驰而来的失控电车，如果驶向左面铁道，将压死五个老年人，这五个人都是目不识丁的文盲；如果驶向右面铁道，将压死一个年轻的大科学家。那么，司机应该将驶向哪条铁道？

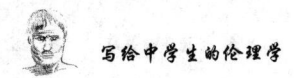

参考文献

穆勒：《功用主义》，商务印书馆1957年版。
王海明：《人性论》，商务印书馆2005年版。
Louis P.Pojman: *Ethical Theory: Classical and Contemporary Readings*. Wadsworth Publishing Company, USA, 1995.

第三章
人性：伦理行为事实如何之本性

1. 大锅饭亲历：伦理行为概念

1961年，我11岁，正好赶上共产风、大锅饭。记得有一次，我和全班同学去一个生产队铲地。临走的时候，我爹教我怎么吃大锅饭。他嘱咐我，第一碗千万不要盛满，一定要盛得比别人少一些。第二碗则要满满地盛，能盛多少就盛多少。因为大锅饭就那么一大锅，吃完了就没了。所以，第一碗如果盛满，吃完一碗就没有了，就只能吃一碗。如果盛得比别人少一些，那就能在别人吃完第一碗之前吃完第一碗，就可以再盛上满满一大碗，这样就能够吃上一大碗多。我牢牢记住了爹的教导，但好容易挨到吃饭的时候，才发现别的同学也是第一碗盛得少。这样一来，每个人都明白，究竟谁能够多吃些，主要取决于吃的速度了。于是，大家不管饭菜多么热，都奋力地往自己的嘴里塞。吃完饭一看，我的老天，有的同学的嘴唇都烫起了泡！我赶紧摸摸自己的嘴唇，好像没什么事儿，多亏爹妈给我生得结实耐烫！这件事已经过去40多年了，但我到现在还记得清清楚楚、恍如昨日。特别是，当我研究

争吃大锅饭场面：人们汗如雨下，滴入锅和饭碗，一些人的嘴烫起了泡。

伦理行为概念的时候，我反复琢磨：第一碗盛不盛满、用大碗还是小碗、快吃还是慢吃究竟是不是伦理行为？

原来，伦理行为与道德行为是同一概念，无非是具有道德价值、可以进行道德评价的行为，说到底，就是受利害己他（它）意识支配的行为。我用大碗吃饭还是用小碗吃饭，快一些吃还是慢一些吃，原本无关人己利害意识，所以是一种非伦理行为，伦理学不研究这种行为。但是，如果我用大碗快吃公家的大锅饭，像我在1961年吃大锅饭那样，就有关人己利害意识了，因而就是一种伦理行为了。任何行为都由目的与手段构成。只不过，伦理行为是受利害己他意识支配的行为，意味着：伦理行为目的或伦理行为手段分为利他、利己、害他、害己四类，因而目的与手段结合起来，便形成如下的十六种伦理行为：

手段＼目的类型	利己	利他	害己	害他
利己	1.完全利己	5.为他利己	9.利己以害己	13.利己以害他
利他	2.为己利他	6.完全利他	10.利他以害己	14.利他以害他
害己	3.害己以利己	7.自我牺牲	11.完全害己	15.害己以害他
害他	4.损人利己	8.害他以利他	12.害人以害己	16.完全害他

1."完全利己"。即目的利己、手段利己的行为，也就是目的与手段都既不利人又不损人而仅仅利己的行为。俗语"各人只扫门前雪，莫管他人瓦上霜"的行为，即属此类。这种行为的经典概括，当推杨朱的那两句名言："拔一毛而利天下不为也""不以天下易其胫一毛"。萨特《厌恶》主角洛根丁也是这样一个既不利人又不损人的完全利己的人："我是孤零零地活着，完全孤零零一个人。我永远也不和任何人谈话；我不收受什么，也不给予什么。"①

2."为己利他"。即目的利己、手段利他的行为，也就是以造福社会和他人为手段而求得自己利益的行为。例如，一个人为了成名成家而刻苦读书、著书立说；为了富贵荣华而努力工作；为了赚钱发财而下海经商等等行为均属此类。合理利己主义极为推崇这种行为。霍尔巴赫甚至说："德行不过是一种用别人的福利来使自己得到幸福的艺术。"②梁启超说得更妙："固不必奢谈兼爱以为名高，亦不必讳言为我以自欺蔽，但使举利己之实，自然成为爱他之行。"③

---

①萨特：《厌恶及其它》，上海译文出版社1987年版，第13页。
②霍尔巴赫：《自然体系》（上卷），商务印书馆1964年版，第247页。
③葛懋春编选：《梁启超哲学思想论文选》，北京大学出版社1984年版，第54页。

3. "害己以利己"。即目的利己、手段害己的行为,也就是通过牺牲自己的一部分利益以求得自己另一部分利益的行为。例如,车尔尼雪夫斯基小说《怎么办》中的拉赫美托夫为了练就顽强意志而睡钉床,便是害己以利己。我国历史上有名的"卧薪尝胆""头悬梁锥刺骨"以及我们所常见的诸如吸烟、喝酒、截肢、移皮、受虐狂等等行为都属此类。

4. "损人利己"。即通过损人手段以达到利己目的的行为,如偷盗、贪污、敲诈勒索、施虐狂等等。

5. "为他利己"。即目的利他、手段利己的行为,如我们常说的为革命而读书、为祖国而夺魁、为人民而做官等等。孔子说的"君子谋道不谋食;学也,禄在其中矣"①也是此意:"学""谋道"是爱人为他,而"禄""食"是利己。

6. "完全利他"。即目的利他、手段也是利他的行为。例如,孟子所说的出于怜悯心而救孺子于深井的行为,便是一种完全利他的行为。因为一方面,这种行为的手段,不言而喻,是毫不利己而完全利他;另一方面,这种行为的目的也是毫不利己、完全利他:完全是为了孺子,而丝毫不是为了自己;不但不是为了自己,而且还极可能自我牺牲。

7. "自我牺牲"。即目的利他、手段害己的行为,也就是在自我与他人利益发生冲突、不能两全时,不得不牺牲自我利益以保全他人利益的行为;如董存瑞托炸药、黄继光堵枪眼、王杰扑地雷、刘英俊拦惊马、徐洪刚斗歹徒等等。孔子盛赞这种行为:"志士仁人,无求生以害仁,有杀身以成仁。"

8. "害他以利他"。即目的利他、手段害他的行为,如父母为了改掉儿子偷窃恶习而痛打儿子、医生为确诊治病而给患者做胃镜等令患者十分痛苦的检查等等。

9. "利己以害己"。即目的害己、手段利己的行为,也就是以快乐较多或痛苦较少的手段来达到害己目的的行为。古罗马安东尼的妻子克莉奥佩特拉访求无数易死秘方,最后选用小毒蛇咬死自己,便是以痛苦较小的手段实现

---

① 《论语·卫灵公》。

自杀目的的"利己以害己"。自杀者往往选择痛苦少一些的自杀方法,如注射氰化钾、从最高的楼层跳下等等,显然都属于利己以害己。

10."利他以害己"。即目的害己、手段利他的行为。例如,一个人受内疚感驱使而让医生在自己身上进行新针灸疗法试验,从而实现其折磨自己的渴望,便是利他以害己。再比如,薄伽丘的《十日谈》中有一穷困潦倒者,流落街头、夜宿山洞,正欲自杀时,恰遇一人杀死他人,于是便冒充凶手而代替该人服刑,从而以利他手段实现其害己自杀之目的:利他以害己。

11."完全害己"。即目的害己、手段也害己的行为。这种行为,如弗洛伊德所说,也引发于诸如内疚感、罪恶感的自恨心。例如,一个印第安人酒后杀母,因而深感内疚,于是不论冬夏都不着衣物,严冬时露宿雪地。我们平时也曾看见,有的母亲因管教不了儿女而拼命揪扯自己的头发,或猛打自己的脸。此行为也引发于自恨心:恨自己无能,恨自己怎么会生出这些畜牲。

12."害人以害己"。即目的害己、手段害人的行为。例如,一个人受内疚感驱使而欲入狱惩罚自己,于是便故意破坏公物、扰乱治安以便让警察抓住自己,便属于此类。

13."利己以害他"。即目的害他、手段利己的行为,如为了杀死仇人而锻炼身体、练功习武等等。

14."利他以害他"。即目的害他、手段利他的行为。例如,据说刘邦送钱给骂他而为他所痛恨的小孩,以便让他养成骂人恶习;致使该小孩日后因骂项羽而被杀。再比如,西施委身吴王以求灭吴,等等。这些都属于利他以害他行为范畴。

15."损己以害人"。即目的害人、手段害己的行为。例如,一个女大学生因妒嫉宁愿犯法服刑而砍毁另一女同学的美丽容貌,便属于损己以害人的行为。托尔斯泰《安娜·卡列尼娜》中的安娜卧轨自杀也属于损己以害人,因为她卧轨时不断喃喃自语"报复他":她自杀的目的是为了报复沃伦斯基。

16."完全害人"。即目的害人、手段也害人的行为。这是典型的复仇行为,是古老而又常见的社会现象;多少年来,一直成为戏剧、小说和电影的重要题材。特别是中国的旧式或新派武侠小说,大都以这种完全害人的复仇行为为主题，几乎千篇一律：张三的父母被李四杀害，张三逃进深山老庙，为了杀害李四报仇雪恨而勤学苦练，一朝武艺学成便出庙下山寻杀李四。

这16种伦理行为在人们的实际生活中均一一存在。不过，人们实际上所进行的伦理行为，往往并不是纯粹的、简单的类型，而大都是混合的、复合的类型。例如，一个学者，玩命地著书立说，其目的便可能既为自己求名利，又为他人谋幸福；其手段则既造福社会和他人，又损害自己的健康。于是，他如此玩命著书立说，便是为己利他、无私利他、害己以利己、自我牺牲4种伦理行为的复合形态。然而，不论任何社会任何人的伦理行为如何怪诞、奇特、罕见，均逃不出这16种伦理行为而尽在其中：只不过或者是其纯粹类型，或者是其复合形态罢了。因为这16种伦理行为系由人的全部伦理行为目的与全部伦理行为手段结合而成，因而便包括人类一切社会、一切人的一切伦理行为。细察16种伦理行为之本性，将使我们发现，人的一切伦理行为，莫不循由四大规律而发展变化。这四大规律便是：伦理行为原动力规律、伦理行为目的规律、伦理行为手段规律、伦理行为规律。

2. 理智无力欲无眼：伦理行为原动力规律

雨果夫人何故爱上一个五八怪 我读《雨果传》，读到雨果夫人背叛雨果而爱上雨果的一个铁哥们儿时，十分惊讶、遗憾和困惑。因为当时雨果不但名满天下，而且高大英俊，堪称美男子；相反地，雨果的那个铁哥们儿却是一个丑陋不堪的罗锅儿。我百思不得其解，并且暗自思量：这样的好事怎么就轮不到我这个"三等残废"呢？后来研究爱的本性，才晓得其中奥妙。

原来，正如冯友兰所言：理智无力欲无眼。理智像眼睛，因而能够指导每个人行为。但是理智没有力量，它不是行为的动力。行为的动力是没有眼睛的盲目欲望。为什么？因为每个人的一切行为都是需要引发和推动的。想想看，你为什么今天来听课啊？因为你有听课的需要，你有拿文凭的需要，你有求知的需要，这些需要促使你来听课。但是，斯宾诺莎说得好，需要并不能直接引发行为，需要只有被觉知而转化为欲望——欲望就是对需要的觉知——才能引发你的行为。你的身体，比如说，现在需要水分。这种需要不能引发你喝水的行为。对水分的需要只有转化成口渴和喝水的欲望，你才会去喝水。否则你的身体再需要水，你也不会去喝水的。

因此，引发和推动每个人行为的乃是欲望和需要：欲望是行为的直接原动力；需要是行为的间接的原动力。理智则是为了实现欲望和需要的手段。因此，叔本华说：每个人的人生就是一场瞎子驮着瘸子的奔跑。这瘸子就是理智，他有眼睛，告诉你怎么走，但是他没有力量。他是个瘸子，跑不动嘛。相反地，瞎子就是欲望，他有力量却没有眼睛，它看不见路，所以背上瘸子当自己的眼睛。确实，人的一切行为的直接原动力是欲望。欲望是七情——喜怒哀乐爱恶欲——之一，因而属于感情的范畴。所以，说到底，感情乃是一切行为的原动力。那么，引发一切伦理行为的感情究竟是什么呢？是爱和恨。

人生在世，恐怕没有什么比爱和恨更熟悉的了。可是，爱与恨究竟是什么，却很难说清。不过，遍查典籍，推敲生活，可以看出，洛克、斯宾诺莎、休谟、费尔巴哈、弗洛伊德的阐释较为真切：爱与恨乃是一种心理反应，它们与快乐、利益与痛苦、损害有必然联系——爱是自我对其快乐之因的心理反应，是对给予自己利益和快乐的东西的心理反应；恨是自我对其痛苦之因的心理反应，是对给予自己损害和痛苦的东西的心理反应。确实，什么东西给你快乐和利益，那么你想不爱它都不成，你一定会爱它；什么东西给你痛苦和损害，你想爱它也爱不了，你一定恨它。爱与恨是对苦乐利害的必然的、客观的、不以人的意志而转移的心理反应。

这就是雨果夫人为什么会背叛雨果而爱上一个丑八怪的缘故。雨果的夫人是怎么背叛他的？就因为雨果不懂得"爱就是对快乐和利益的心理反应"呀！他有一个好朋友，是个评论家，文艺评论家，长得非常丑，而且驼背。但是，他很有智慧，又是个光棍，因而有闲暇。雨果把自己的妻子，一个非常美丽年轻的女人托付给他照顾。雨果高大英俊，才华横溢，名满天下。他把自己的妻子托付给一个丑陋的驼背，这还会有什么问题吗？但是，雨果大错特错了！他这个朋友固然丑陋，却有闲暇和机智，因而能够整天给她消愁解闷。你想，孤独的女人多需要消愁解闷和智慧幽默的聊天啊！消愁解闷和智慧幽默的聊天对于她是何等巨大的快乐和利益啊！就这样，伟大而英俊的雨果的夫人也不能违背爱的铁律——爱是对快乐和利益的心理反应——完完全全地爱上了这个丑八怪。

自古以来，好男儿不免常常感叹，抱怨鲜花怎么会插在牛粪上！他们就是看不到牛粪给了鲜花多少营养、快乐和利益！小的时候我就经常听人说："好汉没好妻，赖汉娶花枝。"又听说："大丈夫难免妻不贤、子不孝。"当时颇为不解。现在看来，道理很简单。不过是因为赖汉有闲暇，能够不断给女人快乐和利益；而好汉整天忙事业，给予女人的只是寂寞和痛苦，她们怎么不会心香所在、另有所属呢？因此，爱具有不以人的意志为转移的必然性。试想，谁愿意爱上罗锅驼背丑八怪呢？美丽无比的雨果夫人怎么会想到自己会爱上这么一个人呢？但她就是爱上了这么一个丑八怪！岂不就是因为爱是不以人的意志为转移的？

可见，就像铁遇氧必然生锈、水加热必然蒸发一样，人遭受损害和痛苦必恨、而接受利益和快乐必爱：爱是一个人对给予他利益和快乐的东西的必然的、不依人的意志而转移的心理反应；恨是一个人对给予他损害和痛苦的东西的必然的、不依人的意志而转移的心理反应。可是，爱与恨又是怎样成为一切伦理行为的动因、根据、原动力的呢？原来，使一个人快乐和痛苦的既可能是他人，也可能是自我本身。所以，爱与恨便分为爱人之心与自爱心以及恨人之心与自恨心：爱人之心是对于成为自己快乐之因的他人的心理反应；恨人之心是对于成为自己痛苦之因的他人的心理反应；自爱心是对于成为自己快乐之因的自己本身的心理反应；自恨心是对于成为自己痛苦之因的自己本身的心理反应。这四种爱与恨正是产生一切伦理行为——亦即目的利他、目的害他、目的利己、目的害己四种伦理行为——的动因、根据、原动力。

迷路绿树湾 1988年的一个夏日，我携爱女芳淳去长春净月潭的绿树湾游玩。我俩爬到山顶，但见绿树蓝天，白云朵朵，群山之间，更有那净月潭万顷湖水，波光粼粼，扁舟悠悠。顿觉俗肠扫尽，不禁吟咏起我的最爱：

"归去来兮辞"。但流连忘返之际，不小心迷路了。绿树湾好似原始森林，很容易迷失方向。临行时朋友都告诫我要小心，因为听说那里有见到人就追赶的大狗熊。我迷失在树木花草之中，顾不得鸟语花香，只听得松涛阵阵，不禁害怕起来。因为我这个人可谓少有大志，十分惜命，就怕死，从七八岁开始长跑，一直跑到现在，主要就是为了命能够长些，好实现自己的抱负："剩"者为王嘛。这个时候我就想，要是那个大狗熊突然出来的话，我会有什么应对呢？说老实话，我知道我女儿的命没有我的命的价值大：这么多年我的刻苦奋斗不断在使其增值啊！但是，我很清楚，我会毫不犹豫地与大狗熊搏斗，宁可自己丧生于狗熊之口，也要让我女儿逃生。为什么呢？因为我对我女儿有一种非常深沉的爱：这种爱会使我自我牺牲。

可见，爱就会导致无私乃至自我牺牲。哪里有爱，哪里就有无私。不但人是这样，动物也是这样。我幼时常听人讲老母猪和狼的故事。老母猪下了猪崽子之后，真可谓充满了无私的精神哪！猪无疑是狼的最爱，但是，狼来了如果看到的是带领猪崽子的老母猪，狼就害怕了。任何猪都不是狼的对手，可是狼为什么反倒害怕老母猪呢？因为对猪崽子的爱使老母猪置生死于度外，一看到狼，便咬牙切齿，满嘴白沫，扑上前去就与狼玩儿命。狼吓得就跑。正所谓：硬的怕愣的，愣的怕不要命的。我在电视上也曾看见，一条野狗正在搜寻鸟窝，母鸟为了掩护还不会飞的小鸟，便冒险佯装受伤吸引野狗，而要将野狗吸引来，就必须装得像，因而难以迅速起飞，结果被野狗扑杀。所以，只要心中充满爱，就能够无畏无私、自我牺牲：爱是引发无私利他和自我牺牲行为的原因。

因此，一个人之所以无私利人，是因为他有爱人之心；而他之所以有爱人之心，又只是因为他的快乐和利益都是他人给予的：爱是对于快乐之因的心理反应。所以，爱人之心所引发的行为之目的虽然是无私利人，但产生这种无私目的的根本的非目的原因——亦即行为的原动力——却仍然是利己。

夏洛克为什么要一磅肉而不要六千块钱 人是一种矛盾体，他既有无私奉献、目的利他的行为，又有目的害人、纯粹害人的行为。每个人，不管他多么善良，都或多或少地存在着目的害人的行为。因为每个人不但有爱而且有恨：恨人之心是导致目的害人的动因。莎士比亚的《威尼斯商人》堪称揭露恨人之心导致目的害人行为的心理机制的杰作。犹太商人夏洛克和安东尼奥签订了一个合同，他借给安东尼奥三千块钱，到期不还，就要从安东尼奥身上挖下一磅肉。结果，安东尼奥的商船触礁，衍期未还。他的朋友巴萨尼奥愿意出六千块钱来帮他还债。但夏洛克宁愿不要六千块钱，也要从安东尼奥身上取下一磅肉！为什么夏洛克非得要那一磅臭肉而不要六千块钱呢？

夏洛克的回答是：他对安东尼奥怀有一种久积的仇恨。因为安东尼奥总是奚落他、污蔑他、瞧不起他，动不动就说他是一个犹太鬼，只知道赚钱。天长日久，夏洛克对他就有一种久积的深刻的恨，这种恨就推动夏洛克不要六千块钱而利己，却只要从他身上取下一磅肉。这一磅肉他既不能吃也不能喝，要它干嘛呢？就是为了害安东尼奥，因而是一种目的害人的行为。

莎士比亚由此揭示了这样一个道理——这个道理后来被弗洛伊德加以引申——就是，恨人之心是一种攻击性心理，它必然要导致侵犯他所憎恨的对象的行为：恨人之心必然导致目的害人的行为。而一个人之所以会有恨人之心，又只是因为他的痛苦和损害是他人给予的：恨是对于痛苦之因的心理反应。所以，恨人之心所引发的行为之目的虽然是纯粹害人，但产生这种害人目的的根本的非目的原因——亦即行为的原动力——却仍然是自我的苦乐、利害、利益，是趋乐避苦的利己心。

两种自杀：注射氰化钾与扑向飞转的圆锯 弗洛伊德之前，人们虽然知道存在着大量的害己行为，但都以为那是以害己为手段，而目的是利己的，也就是通过牺牲自己的一部分利益以求得自己另一部分利益的行为，如"卧薪尝胆"和"头悬梁锥刺骨"以及吸烟、喝酒、截肢、移皮、受虐狂等等。然而，弗洛伊德发现，人类存在着目的害己的行为。这一发现的最重要的根据，就是存在着两种自杀。

一种自杀是我们所熟知常见的，如跳楼、上吊、割破动脉、开放煤气、吞服安眠药等等。这种自杀害己很好理解，显然都是为了逃避更大痛苦和损害，因而害己便不是目的而是手段，便是害己以利己，属于目的利己行为。因为利己具有二重性：趋利与避害。弗洛伊德八十岁时因患鼻咽癌而注射氰化钾自杀之害己,便是为了逃避更大的痛苦,因而是害己以利己,属于目的利己行为。反之,另一种自杀则是比较罕见、难以理解的。因为自杀者选择的竟然是一种非常可怕非常痛苦的方式,如扑向飞转的圆锯或火山口,或者用烧红的烙铁捅到嘴里,把自己活活地烙死,或者专门找一个垃圾堆、一个最脏的地方,让自己死在那里。这些极其可怕的死法,其动因究竟是什么呢?显然不是为了逃避痛苦和损害,而是出于受苦受害的强烈渴望,是为了受苦而受苦、为了受害而受害,因而便是目的害己的行为。

可是,人们为什么会自己害自己呢?弗洛伊德、荣格、阿德勒、弗洛姆和荷尼等精神分析学家的研究表明,一个人之所以会有害己目的,是由于他的恨转向了自己,他恨自己。因为每个人所遭受的痛苦和伤害,固然大都来自他人,但也往往是自己造成的。一个人的痛苦和伤害如果是他人造成的,他便必然会恨他人;如果是自己造成的,他也必然会恨自己,从而导致目的害己的行为。

试想,如果一个人认为自己的失败、痛苦是自己的无能造成的,并且是不可改变的,他会怎么样呢?必定会自暴自弃、破罐破摔了。据达尔文的《人类的由来》记载,有两头大猩猩打起来,失败者竟然挥起两个大拳头,拼命锤打自己的胸膛:"我叫你失败!我叫你无能!我叫你卑下!我打死你这个窝囊废!"我想这一定是那个捶打和惩罚自己的大猩猩当时所想的。因为记得童年的时候,我们兄弟姐妹六个小孩,天性好斗,经常打架,我妈有时管不了我们,盛怒之下,就用手掌拼命打自己的脑门;有时甚至用驱赶蚊蝇的"蝇甩子"的拇指粗细的木棍啪啪打自己的脑袋。她老人家边打边说:"我叫你能养不能教!我叫你养了这么多活驴!我打死你这个窝囊废!"真可怕啊!我当时不理解,后来读达尔文大猩猩的故事,才知道人类和大猩猩一样,自恨会导致自毁自残、自我惩罚或目的害己的行为。

可见,一个人之所以会目的害己,是因为他恨自己;而一个人之所以会恨自己,只是因为他的痛苦和损害是他自己造成的。所以,自恨心所引发的行为之目的虽然是纯粹害己,但产生这种害己目的的根本的非目的原因——亦即行为的原动力——却仍然是自己的痛苦、自己的苦乐,是趋乐避苦的利

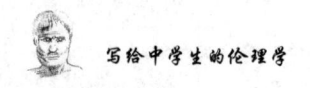

己心。

列宁病逝前十分喜爱的小说 40多年来，令我难忘的是，列宁病逝前夕，请人朗诵他十分喜爱的杰克·伦敦的小说《热爱生命》。小说的主人公是个淘金者。在他淘金归来的荒野雪地里，失去了食物和子弹，只好吃一点野菜、浆果和偶尔在水坑中抓到的几条小鱼。如此不知走了多少天，终于虚弱得再也站不起来，只能爬了。爬到第六天，被几名考察队员看见。但他们只觉得是"发现了一个活着的动物，很难把它称作人。它已经瞎了，失去了知觉。它就像一条大虫子在地上蠕动着前进。它用的力气大半都不起作用。但是它老不停。它一面摇晃，一面向前扭动，照它这样，一个钟头大概可以爬上二十尺。"

40年来，每当眼前浮现列宁坐在椅子里静静地听着《热爱生命》的时候，我就感伤不已。后来探讨目的利己的动因时，我又仔细地读了这本《热爱生命》的小说，追问究竟是什么动力使那个淘金者如此顽强地求生？是什么呢？是自爱！想想看，你为什么会有利己目的？岂不只是因为你有自爱心？岂不只是因为你爱自己？你如果没有自爱心而有自恨心，或者你的自恨心克服了你的自爱心，那么就会像我们刚才说的，你就不会利己而会害己。而一个人之所以会有自爱心，又只是因为他的快乐之因是他自己：他自己的生命是他最根本、最重要、最大的快乐。庄子早就告诉我们，最大的快乐就是活着："至乐活身。"葛洪则进一步提出："死王乐为生鼠。"死皇帝乐为活老鼠，活着哪怕是一只老鼠，那也比一个无比高贵的皇帝死了要好多了！

可见，一个人之所以会有利己目的，只是因为他有自爱心，而他之所以会有自爱心，又只是因为他的快乐之因是他自己：他自己的生命是他最根本、最重要、最大的快乐。所以，自爱心所引发的行为，不但目的是为了利己，而且产生这种目的的根本的非目的原因——亦即行为的原动力——也是利己。

综观目的利他与目的害他以及目的利己与目的害己行为之原动力，可以得出结论说：每个人的行为目的都是自由的、可选择的、各不相同的：既可

老母猪吓跑了狼：对猪崽子的爱使老母猪置生死于度外，一看到狼，便咬牙切齿，满嘴白沫，扑上前去就与狼玩儿命。狼吓得就跑。

能是无私利他，又可能是自私利己，既可能是纯粹害人，也可能是纯粹害己；但是，产生这些行为目的之根本的非目的原因、亦即一切伦理行为原动力，却是必然的、不可选择的、人人完全一样的：只能是自己的苦乐利害，只能是利己。这就是伦理行为原动力规律。

伦理行为原动力规律无疑是最深刻的人性定律。但是，这一定律，实为人性定质分析：它仅仅分析了人为什么能无私；却没有分析人能在多大程度上无私。更确切些说，它仅仅揭示了引发各种伦理行为目的的动因、原动力，说明了每个人为什么会有利己、利他、害己、害他四大目的，从而为这些目的——特别是两千年来一直争论不休的无私利他目的——的存在找到了根据。可是，人究竟能在多大程度上无私？一个人，果真如儒家所说，能够恒久乃至完全无私吗？每个人的利己、利他、害己、害他四大目的的多与少、久与暂的相对数量是否也有规律可循？有的，那就是鼎鼎有名的"爱有差等"定律：这是对人性的定量分析。

3. 爱有差等：伦理行为目的规律

爱是自我对于给予自己快乐和利益的东西的心理反应，显然意味着：谁给我的利益和快乐较少，我对谁的爱必较少，我必较少地为了谁谋利益；谁给我的利益和快乐较多，我对谁的爱必较多，我必较多地为了谁谋利益。于是，说到底，我对我自己的爱必最多，我为了我自己谋利益必最多，亦即自爱必多于爱人、为己必多于为人，说到底，每个人必定恒久为自己，而只能偶尔为他人：恒久者，多数之谓也，超过一半之谓也；偶尔者，少数之谓也，不及一半之谓也。这就是"爱有差等"之人性定律。这个定律可以用若干同心圆来表示：

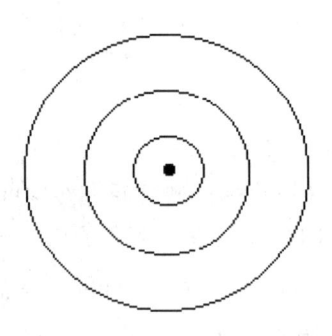

圆心是自我，圆是他人。离圆心较远的园，是给我利益和快乐较少因而离我较远的人：我对他的爱必较少，我必较少地无私为他谋利益。反之，离圆心较近的圆，是给我的利益和快乐较多因而离我较近的人：我对他的爱必较多，我必较多地无私为他谋利益。因此，我对圆心即自我本身的爱必最多，我为自己谋利益的行为必最多，亦即自爱必多于爱人、为己必多于为人：每个人必定恒久为自己，而只能偶尔为他人。

然而，发现这一人性定律的最早理论，恰恰是反对"为自己"的利他主义开创者孔子提出的。这个理论就是儒家那顶顶有名的"爱有差等"。何谓爱有差等？《论语》等儒家典籍对此解释说：

爱父母，是因为我最基本的利益是父母给的；爱他人，是因为我的利益也是他人给的。但是，父母给我的利益多、厚、大；而他人给我的利益少、薄、小。所以，爱父母与爱他人的程度便注定是不一样的，是有多与少、厚与薄之差等的：谁给我的利益较少，我对谁的爱必较少；谁给我的利益较多，我对谁的爱必较多。

《墨子·耕柱》篇便借用巫马子的口，对孔子的"爱有差等"这样概述道：

> 巫马子谓子墨子曰："我与子异，我不能兼爱。我爱邹人于越人，爱鲁人于邹人，爱我乡人于鲁人，爱我家人于乡人，爱我亲人于我家人，爱我身于吾亲，以为近我也。"

对于这段话，冯友兰说："巫马子是儒家的人，竟然说'爱我身于吾亲'，很可能是墨家文献的夸大其词。这显然与儒家强调的孝道不合。除了这一句以外，巫马子的说法总的看来符合儒家精神。"①

其实，冯友兰只说对了一半。他忽略了"爱有差等"具有双重含义：一是作为行为事实如何的客观规律的"爱有差等"；一是作为行为应该如何的道德规范的"爱有差等"。从道德规范看，"爱我身于吾亲"确与儒家的孝道不合，也与儒家认为"为了自己即是不义"的义利观相悖。墨子断言"爱我身于吾亲"是儒家的主张，无疑是夸大、歪曲。这一点，冯友兰说对了。但是，从行为规律来说，既然谁离我越近、给我的利益越多，我对谁的爱必越多，那么，我对我自己的爱无疑必最多：爱我身必多于爱吾亲。因此，"爱我身于吾亲"虽是作为儒家道德规范的"爱有差等"所反对的，却是作为行为规律的"爱有差等"的应有之义，是其必然结论，而绝非墨子夸大其词。儒家回避这个结论，足见利他主义体系不能自圆其说之一斑而已。

这个爱有差等之人性定律，无疑是极其重要的人性定律。然而，耐人寻味的是，西方研究这一定律的学科，主要讲来，并不是伦理学，而是其他的

---

① 冯友兰：《中国哲学简史》，北京大学出版社1985年版，第87页。

边沁：每个人都是离自己最近，因而他对自己的爱比对任何其他人的爱都是更多的。

人文社会学科：心理学、社会心理学和社会生物学。心理学家弗洛伊德和社会生物学家威尔逊以及社会心理学家埃尔伍德（Charles A.Ellwood）通过大量论述都得出结论说，仅仅看到每个人既有利己目的，又有利他目的，是肤浅的；问题的本质乃在于：每个人的主要的、经常的、多数的行为目的必定是自爱利己；而无私利他只可能是他的次要的、偶尔的、少数的行为目的。[1]

当然，不能说西方伦理学家们没有研究这一人性定律。但是，恐怕一直到19世纪，边沁才看破了这一点："每个人都是离自己最近，因而他对自己的爱比对任何其他人的爱，都是更多的。"[2]包尔生则将这个规律叫做"心理力学法则"："显然，我们的行为实际上是由这样的考虑指导的：每个自我——我们可以说——都以自我为中心将所有其他自我安排到自己周围而形

---

[1] Edward O. Wilson, *On Human Nature*. Bantam Books, New York,1982,p.160.
[2] 霍尔巴赫：《自然体系》（上卷），商务印书馆1964年版，第247页。

成无数同心圆。离中心越远者的利益，它们引发行为的动力和重要性也就越少。这是一条心理力学法则（a law of psychical mechanics）。"①比包尔生小33岁的"厚黑教主"李宗吾，似乎由此受到启发，进而贯通中西，颇为机智地阐释了这一定律。通过这些阐释，他得出结论说："吾人任发一念，俱是以我字为中心点，以距我之远近，定爱情之厚薄。小儿把邻人与哥哥相较，觉得哥哥更近，故小儿更爱哥哥。把哥哥与母亲相较，觉得母亲更近，故小儿更爱母亲。把母亲与己身相较，自然更爱自己。故见母亲口中糕饼，就取来放在自己口中。……由此知人之天性，是距我越近，爱情越笃，爱情与距离，成反比例，与磁电的吸引力相同。"②

但是，李宗吾却宣称，关于这一定律的理论乃是他的创造："一日，在街上行走，忽然觉得人的天性，以'我'为本位，仿佛面前有许多圈子，将'我'围住，层层放大，有如磁场一般；而人心的变化，处处是循着力学规律走的……其时爱因斯坦的相对论已传至中国，我将爱氏的学说，和牛顿的学说，应用到心理学上，创一臆说：'心理依力学规律而变化。'"③他似乎不知道，在他之前，包尔生已经有"同心圆"和"心理力学法则"之说；而儒家的"爱有差等"就更早得多了。

4. 为人民服务：伦理行为手段相对数量规律

我们平时看到的是，每个人一天到晚忙忙乎乎，好像都是为别人在谋利益。我王海明讲课、备课，放弃功名利禄地位尊严而孤独寂寞潜心著述《新伦理学》和《国家学》40余载，岂不都是在为别人谋利益？我们看到一些人，特别是那些令人敬仰的领袖，更是每天都在忙，最后累死拉倒。马克思最喜欢讲的一句话也是："我是在为人类工作。"最后他被发现死在写字台旁的椅子上。凡此种种，岂不违背了"每个人必定恒久为自己"的人性定律吗？

---

① Friedrich Paulsen, *System of Ethics*, Translated By Frank Thilly. Charles Scribner`s Sons, New York 1908, p.393.
② 转引自葛懋春编选：《梁启超哲学思想论文选》，北京大学出版社1984年版，第54页。
③ 李宗吾：《厚黑学续编》，团结出版社1990年版，第108页。

马克思:"我是在为人类工作。"

　　原来,人是社会动物。在社会生活中,每个人以依靠自己为手段的行为便只可能是极少数的、偶尔的;他绝大多数的、恒久的行为,必是以依靠社会和他人为手段。这是不难理解的。且不说成人之前,每个人是何等地依靠父母或养育者;就是长大之后,那衣食住行、事业爱情,又有哪一样是不依靠社会和他人的?仅仅依靠自己而不依靠社会和他人的行为,细细想来,实在寥寥无几——除了独自登山摘野果、下海采野菜、游山玩水、观花赏月之类的行为,还能举出什么呢?

　　每个人以依靠自己为手段的行为只能是偶尔的,意味着:每个人的利己手段与害己手段——二者是依靠自己的两种相反表现——之和,只能是偶尔的。因此,分别说来,每个人的利己手段与害己手段便都只可能是偶尔的。反之,每个人以依靠社会和他人为手段的行为必定是恒久的,则意味着:每个人的利他手段与害他手段——二者是依靠社会和他人的两种相反表现——之和，必定是恒久的。因此，分别说来，每个人的利他手段与害他手段便都可能是恒久的：恒久的手段如果是利他，那么，害他手段显然便是偶尔的；反之亦然。于是，与伦理行为目的相对数量规律——每个人的行为目的必定恒久利己——相反，每个人的行为手段必定恒久利他或害他，而只能偶尔利己与害己。这便是被人的社会本性所决定的伦理行为手段相对数量规律。

这一规律使我们可以理解，为什么每个人的行为目的必定恒久为自己，可是我们看到的现象却恰恰相反：绝大多数人都是恒久为他人谋利益，都是恒久为人民服务。这就是因为行为目的是看不到的；能够看到的，乃是行为手段。试想，我们岂不是只能看到教师在给学生讲课，工人在为他人生产，农民在为他人种地？但是，谁能看到教师讲课的目的？谁能看到工人生产的目的？谁能看到农民种地的目的？

然而，我们往往由人们都在为人民服务，便断言他们的目的是为人民服务，他们的目的是利他，进而断言人们的行为目的可以恒久达到无私利他的境界。这显然是把行为手段当成了行为目的。人们的恒久行为都是为人民服务，是不错的；但是，这仅仅是行为手段。绝大多数人的行为手段，恒久说来，都是为人民服务。如果由此断言为人民服务可以是人们行为的恒久目的，那就大错特错了。因为伦理行为目的规律告诉我们：为人民服务只可能是人们行为的偶尔目的，而不可能是人们行为的恒久目的。因此，为人民服务有目的与手段之分：作为手段的为人民服务可以是恒久的；作为目的的为人民服务则只能是偶尔的——把目的与手段区别开来，这是把握人性的关键所在。

5. 好人与坏人的分野：伦理行为类型相对数量规律

按照伦理行为目的相对数量规律，每个人的行为目的必定恒久利己，而只能偶尔利他、害他、害己：唯有利己目的是恒久的。按照伦理行为手段相对数量非统计性规律，每个人的行为手段必定恒久利他或害他，而只能偶尔利己与害己：唯有利他手段或害他手段才可能是恒久的。于是，这两个规律结合起来，便构成伦理行为类型相对数量规律：每个人的行为，必定恒久为己利他或损人利己，而只能偶尔无私利他、单纯利己、纯粹害人、纯粹害己。换言之，每个人的行为，唯有为己利他与损人利己才可能是恒久的，才可能超过他全部行为之一半；而其余一切行为——亦即无私利他、单纯利己、纯粹害人、纯粹害己——之和，也只能是偶尔的，只能少于他全部行为之一半。

那些恒久为己利他者，如靠为别人生产粮食菜蔬为生的农民、靠为别人制造产品为生的工人、靠把产品送给需要者为生的商人、靠把知识传授给学生为生的教师等等以依靠为社会和他人工作为生的芸芸众生，便是所谓的好人或君子。好人也不可能不损人利己。谁能够一点都不损人利己呢？老托尔斯泰十分富有，却倡导平民化，以身作则，自己骑毛驴子、穿白布衫子、吃米粉团子，品德极其高尚，但有一次也竟然为了给女儿置办嫁妆而欺骗一个买马者，以致事后忏悔不已。但是，好人的损人利己再多，也必定少于为己利他；否则，他就不是好人了。好人也不可能完全没有纯粹害人的行为。试问，谁能没有妒嫉心、复仇心、恨人之心呢？谁能一次都没有害人之意呢？只不过，好人极少纯粹害人罢了。

那些恒久损人利己者，如以偷盗、贪污、诈骗、绑架、抢劫等损人手段为生的人，便是所谓的坏人。可是，我们为什么往往很难识别坏人呢？岂不就是因为坏人也不可能没有大量为己利他的行为？然而，他为己利他再多，也必定少于损人利己；否则，他就不是坏人了。坏人也不可能完全没有无私利他的崇高行为。岂不闻"虎毒不食子"乎？即使是那些最坏的人，也不可能完全丧失爱人之心。试问，他能不爱他心爱的人吗？能不爱他的父母、子女、情人吗？能一点儿都不为他们谋利益吗？只不过，他无私利他极其罕见，并且大都只能给予极少数人罢了。

那些在利益冲突时能够无私利他、在利益一致时能够为己利他，从而几乎没有损人利己、纯粹害人、纯粹害己行为的人，便是最好的人了，便是所谓的仁人。仁人的无私利他行为固然远远多于常人，亦即远远多于普通的好

老托尔斯泰骑着毛驴儿，穿白布衫子，懊悔不已："我不该欺骗那个买马人哪！"

人；却也只可能是偶尔的，只可能接近而永远达不到恒久，达不到他行为总和之一半。因为爱有差等之人性定律表明，每个人的自爱必多于爱人，为己必多于为人：每个人必定恒久为自己，而只能偶尔为他人。这样，一个人即使是仁人，他也必定是人，因而人所固有的，他无不具有。因此，他的恒久的、超过他行为总和一半的行为，必定也只能是为己利他。否则，他就违背了"爱有差等"之人性规律，他就不是人了。

那么，什么样的人堪称最坏的人呢？正如最好的人是好人之极端，最坏的人则是坏人之极端。最好的人，其特点是无私利他远远多于普通的好人。反之，最坏的人则是纯粹害人的行为——亦即出于妒嫉心等恨人之心的行为——远远多于普通坏人的人。不过，这些人纯粹害人的行为再多，也只可能是偶尔的，只可能接近而永远达不到恒久，达不到他行为总和之一半。因为一个人即使是最坏的人，他也必定是人：人所固有的，他无不具有。因此，他的恒久的、超过他行为总和一半的行为，必定也只能是目的利己，因而也就只可能是损人利己，而不可能是纯粹害人。否则，他就违背了人性规

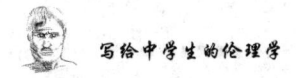

律，他就不是人了。

可见，每个人，无论好人还是坏人，无论如何的好而高尚无比，还是何等的坏而龌龊绝伦，他的行为，必定都是恒久为己利他或损人利己——好人必恒久为己利他而偶尔损人利己；坏人必恒久损人利己而偶尔为己利他——而只能偶尔无私利他、单纯利己、纯粹害人、纯粹害己。这就是伦理行为类型相对数量规律，因而也就是人性类型的相对数量规律。

思考题

1. 试比较爱有差等定律与万有引力定律之异同。
2. 《墨子·耕柱》篇曾借用巫马子的口，将儒家的爱有差等理论概括如下："巫马子谓子墨子曰：'我与子异，我不能兼爱。我爱邹人于越人，爱鲁人于邹人，爱我乡人于鲁人，爱我家人于乡人，爱我亲人于我家人，爱我身于吾亲，以为近我也。'"巫马子的说法是否符合儒家的爱有差等？
3. 弗洛伊德曾两次用马和骑手的关系来说明本我和自我：马就是本我，亦即行为原动力的心理系统，说到底，也就是完全利己的生理欲望，特别是那些无意识的生理欲望，主要是食欲和性欲；骑手就是自我，亦即行为心理系统，亦即行为目的与行为手段的心理系统，主要是理智。弗洛伊德说，我们都以为骑手是自由的，马是听从骑手的，骑手让马往哪里走，马就往哪里走。其实不然。恒久地看，整体地说，骑手是不自由的，他注定要按照马的欲望前进；他违背马的意志而争得自由从而让马听从他，只能是偶尔的、局部的。弗洛伊德的这个比喻是否蕴含"爱有差等"的人性定律？

参考文献

休谟：《人性论》，商务印书馆1980年版。
王海明：《人性论》，商务印书馆2005年版。
Stevn M Cahn and Peter Markie, *Ethics: History, Theory, and Contemporary Issues*. Oxford University Press, New York, Oxford, 1998.

第四章
善：道德总原则

无私利他的正道德价值最高，是伦理行为最高境界的应该如何，是道德最高原则，是善的最高原则，是至善；单纯利己的道德价值最低，是伦理行为最低境界的应该如何，是道德最低原则，是善的最低原则，是最低的善；为己利他是利他与利己的混合境界，其道德价值介于无私利他与单纯利己之间，是伦理行为基本境界的应该如何，是道德基本原则，是善的基本原则，是基本的善。利他主义（其代表主要是儒家、墨家、康德、基督教）否定为己利他和单纯利己，而把无私利他奉为评价行为是否道德的唯一准则；合理利己主义（其代表主要是爱尔维修、霍尔巴赫、费尔巴哈、车尔尼雪夫斯基、老子、韩非、梁启超）否定无私利他和单纯利己，而把为己利他奉为评价行为是否道德的唯一准则；个人主义（其代表主要是尼采、海德格尔、萨特、杨朱、庄子）否定无私利他或为己利他，而把单纯利己奉为评价行为是否道德的唯一准则。所以，利他主义与合理利己主义以及个人主义不过是分别夸大无私利他、为己利他、单纯利己三大善原则而堕入谬误的片面化真理而已。

1. 利己目的的道德价值：四十年前的困惑

我的父亲是铁路工人，月薪五十多块养不起六个儿女，只好到处开荒种地。我常和二哥锄地于烈日之下，挥汗如雨，便把背心浸过凉水穿上。一次，我问二哥："怎样才能逃此苦海，求得富贵？"二哥说："唯有读书。岂不知十年寒窗苦，一朝天下闻？"我遂发愤读书。但没过多久，大约是在1968年前后，举国上下便开始了对成名成家、个人奋斗的大批判，开始了大立"公"字、大破"私"字、狠斗"我"字、把自己从"我"字中解放出来的"公字化"运动，到处都能够听到大庆人的豪言壮语："离我远一寸，干劲增一分；离我远一丈，干劲无限涨；我字若全忘，刀山火海也敢上。"我悲哀、我困惑、我寻求：为什么只要目的利己，则不论手段如何利人，都是不道德、不应该的？为利他、成名成家和个人奋斗为什么是不道德、不应该的？从此我便沉溺于伦理学研究。

我万万没有想到，"误入尘网中，一去四十年"。四十年不懈钻研使我终于明白，所谓道德不道德或应该不应该，不过是伦理行为事实对于道德最终目的或道德终极标准的效用：符合道德最终目的或道德终极标准，就是道德的、应该的；不符合道德最终目的或道德终极标准，就是不道德不应该的。

当我们用道德终极标准来衡量人类全部伦理行为的时候，我们发现，问题的关键恰恰就在于"目的利己"这种行为的道德价值究竟如何？也就是成名成家、个人奋斗、个人利益的追求，究竟是道德的还是不道德的？这是古往今来争议最大的一个难题。这个问题不解决，其他行为的道德价值就无从谈起。那么，道德终极标准是什么呢？是增减每个人利益总量。利己、个人利益追求显然是符合道德终极标准的，因为它增进了自己的利益，也就增进了每个人利益总量。所以目的利己本身是善的，但又是善与恶的共同的源泉：如果以利他手段来实现，就是善的源泉；如果以损人手段实现，就是恶的源泉。

这意味着：强烈的利己、强盛的个人追求，就其本身来说就是巨大的善！个人利益追求越强盛，善就越大！因此，不但不应该压抑和批判个人利益、个人名利的追求，而且应该鼓励和倡导成名成家。这样社会才能够繁荣富强啊！是不是？你应该有着强盛的个人欲望和追求！你看看古往今来那些出人头地者，有哪一个是个人利益追求淡薄的人？个人利益追求淡薄的人，永远不过是一个只能成就小善小恶的凡夫俗子啊！只有个人利益追求强盛的人，才能够克服困难，承受几十年成就事业的万般苦辛，才能够有所发明，才能够发现推动历史前进的新的弹簧，才能够开辟历史的新的篇章！在这样的人面前，珠穆朗玛峰不过是一个土丘而已！相反，个人利益追求淡薄的人，一个小小的土丘那也成了不可逾越的珠穆朗玛峰！所以，强盛的个人利益、个人名利的追求乃是大善！

我们还可以做进一步的比较。强盛的个人利益追求，它不但要善于、优胜于、好于淡薄的个人利益追求，而且它还远远地优越于、重要于、伟大于"无私奉献"的追求。因为一般说来，要想做出一番事业，要想在历史上留下痕迹，要想能够开辟出历史的新的篇章，要想建功立业，势必要付出一辈子的苦辛，至少是要恒久为之，而不能偶尔为之。只有恒久的行为才能够造就出丰功伟业，偶尔的行为只能够成就小善小恶的俗举。这一点，我想是能够成立的。古往今来的那些伟大的成就，哪一个是偶尔为之、一蹴而就的？这一点能够成立，我们就可以推论，无私奉献的行为注定成就不了丰功伟业！为什么呢？

因为"爱有差等"的人性定律告诉我们：无私的行为只能是偶尔的，恒久的行为必定是为自己。那么，成就丰功伟业的行为，一定是为己利他的行为，而绝不会是无私奉献的行为。所以，仔细看看历史，那些在历史上做出了伟大成就的人，哪一个是无私奉献的楷模？古往今来伟大的人物，贝多芬也好，达·芬奇也好，各个领域里面的伟大的思想家，有哪一位是无私奉献的楷模？秦皇、汉武、唐宗、宋祖，曹雪芹、托尔斯泰、牛顿、莱布尼兹，有哪一位是无私奉献的人？

可见，应该反对的，既不是利己目的，也不是强盛的利己目的，更不是以利他手段实现的利己目的，而仅仅是以损人手段实现的利己目的。利己目

我常和二哥锄地于烈日之下，挥汗如雨，便把背心浸过凉水穿上。

的，正如霍尔巴赫所说，分明是一块沃土：这块沃土，由于人在上面的播种和耕耘是同样宜于生长有益的作物和有害的荆棘的。道德的最重要的任务就在于：在这块沃土上播下有益社会和他人的作物，除掉有害社会和他人的荆棘，从而生长出公共利益和他人利益以及个人利益的丰硕果实！

2. 善恶六原则：两句三年得，一吟双泪流

我的伦理学研究的动力，原本是为成名成家正名，特别是为那种为了自己成名成家正名，亦即为所谓"个人奋斗"正名；而绝不否定为祖国成名成家，不但不否定为祖国成名成家，而且认为为祖国成名成家是成名成家的最高境界。但是，研究结果实在是出乎意外。因为如果从利己目的之善恶出

发，进而解析以其为轴心的16种伦理行为的善恶问题，我们就势必得出这样结论：仅仅为自己而不为祖国成名成家是应该的、道德的；反之，仅仅为祖国而不为自己成名成家却是不应该的、不道德的。我到今天还清楚记得，我得出这个结论的那个日子。那是1998年的一个夏日的下午，我和往日一样，坐在颐和园团城湖畔，背靠那棵大树，像画家画画那样地涂写着我的《新伦理学》。忽然，我确信我找到了三十年来我一直在探索的那个难题——成名成家的道德价值——的答案：仅仅为自己而不为祖国成名成家是应该的、道德的；反之，仅仅为祖国而不为自己成名成家却是不应该的、不道德的。我激动异常，抬头远眺玉泉山上的玉峰塔，但见塔旁群鸽翱翔、白云悠悠，不禁潸然泪下，颇有当年贾岛"两句三年得，一吟双泪流"之感慨。闲言少叙，现在就让我将当初得出这一结论的推演过程重现出来。首先，人类全部伦理行为，如前所述，可以归结为如下十六种：

目的 类型 手段	利己	利他	害己	害他
利己	1.完全利己	5.为他利己	9.利己以害己	13.利己以害他
利他	2.为己利他	6.完全利他	10.利他以害己	14.利他以害他
害己	3.害己以利己	7.自我牺牲	11.完全害己	15.害己以害他
害他	4.损人利己	8.害他以利他	12.害人以害己	16.完全害他

不难看出，这十六种伦理行为，按其对于道德最终目的或道德终极标准——增减每个人利益总量——的符合还是违背之效用，可以归结为两大方面。一方面，人类全部符合道德终极标准——因而是道德的善的——伦理行为可以归结为三大行为类型、三大道德原则、三大善原则。第一大行为类型包括目的利他的4种行为，可以名之为"无私利他"。第二大行为类型是"为己利他"(即目的利己、手段利他的行为)。第三大行为类型包括目的利己而手

段利己和害己两种行为，可以名之为"单纯利己"。利他的道德价值无疑高于利己的道德价值。所以，无私利他是道德最高原则，是至善；单纯利己是道德最低原则，是最低的善；为己利他道德价值介于无私利他与单纯利己之间，是道德基本原则，是基本的善。

另一方面，人类全部违背道德终极标准——因而是不道德的恶的——伦理行为也可以归结为三大行为类型、三大不道德原则、三大恶原则。第一大类型包括4种目的害他行为，可以名之为"纯粹害人"。第二大类型是"损人利己"。第三大类型包括4种目的害己行为，可以名之为"纯粹害己"。害他的负道德价值显然高于害己的负道德价值。所以，纯粹害他是不道德的最高原则，是至恶；纯粹害己是不道德的最低原则，是最低的恶；损人利己的负道德价值则介于纯粹害他与纯粹害己之间，是不道德的基本原则，是基本的恶。

然而，伦理行为规律告诉我们：每个人的行为必定恒久为己利他或损人利己，而只能偶尔无私利他、单纯利己、纯粹害人、纯粹害己。这意味着：只有为己利他与损人利己能够指导每个人的恒久行为，使每个人的恒久行为为己利他而不损人利己，是恒久的——因而也就是最重要的——道德原则；而无私利他、单纯利己、纯粹害人和纯粹害己只能指导每个人的偶尔行为，使每个人的偶尔行为无私利他、单纯利己而不纯粹害人和纯粹害己，是偶尔的——因而也就是不重要的——道德原则。如图：

```
        — 无私利他 (最高且偶尔善原则)
   善  — 为己利他 (基本且恒久善原则)
        — 单纯利己 (最低且偶尔善原则)
        · 0
        — 纯粹害己 (最低且偶尔恶原则)
   恶  — 损人利己 (基本且恒久的恶原则)
        — 纯粹害他 (最高且偶尔恶原则)
```

贾岛：两句三年得，一吟双泪流

不难看出，三大恶原则的适用范围都是绝对的：任何人在任何条件下都既不应该纯粹害己，也不应该损人利己，更不应该纯粹害他。然而，三大善原则的适用范围却都是相对的。单纯利己的适用范围显然主要是每个人与社会或他人没有直接利害关系、而只与自己有直接利害关系的伦理行为，如一个人跑步、游泳、游山玩水、观花赏月等等。"无私利他"和"为己利他"则是指导每个人与社会或他人有直接利害关系行为的道德原则：为己利他适用于利益一致可以两全的行为；无私利他适用于利益冲突而不能两全的行为。

问题的关键显然在于：无私利他是否也适用于利益一致可以两全的行为？否！因为无私利他与自我牺牲实为同一概念：任何无私利他，至少都必须牺牲自己一定的利己欲望和自由以及时间和精力。这样，在利益一致可以两全的情况下，一方面，无私利他便因其牺牲了自我利益而违背"不损害一人地增加利益总量"的道德终极分标准；另一方面，无私利他还因其必定远远少于为己利他所增加的利益总量（只有为己利他才具有——无私利他却不具有——增进社会利益的最强大的动力：个人利益追求）而违背道德终极总标准："增减每个人利益总量。"

由此观之，成名成家不但有利于自己，而且有利于社会，属于利益一致可以两全的行为。因此，仅仅倡导无私利他而为祖国成名成家，反对为自己成名成家，不但不符合"不损害一人地增加利益总量"的道德终极分标准，而且因其减少了社会和每个人利益总量而违背道德终极总标准，因而是极不道德的。反之，倡导为己利他而为自己成名成家，或既为自己又为祖国成名成家，不但符合"不损害一人地增加利益总量"的道德终极分标准，而且因其增进了社会和每个人利益总量而符合道德终极总标准，因而是极其道德的。

3. 木尽天年为不材：利己主义与利他主义之争

1968年，我在辽宁锦县石山站当兵。有一个冬天，每个周日上午9点，我都从一扇没有玻璃的破窗户钻进一座空房子，读《马克思恩格斯文选》《列宁文选》和中国古典诗文，边读边写。一直到下午3点，才从那扇破窗户钻出来。现在只记得，每次快出来时，不但手指冻得直疼，墨水瓶也结了冰，却不觉得苦。

当时最喜欢庄子的一则寓言，说是有一棵大树，这棵树粗大无比，一百个人才能把它围抱过来。树阴可以遮蔽成百上千的牛和人。人们来看这棵树就像赶集一样。一天，木匠师傅领着他的徒弟经过这棵大树。但是，这位木匠看也不看，扭头就走。他的徒弟就说，师傅啊，你看这棵树多好啊！他的师傅却说，这是一棵"散木"，没用的东西，看它干什么？你用它做窗户，它淌油，用它造船，它就沉，用它做门，就长虫子，用它干啥都不行，是棵无用之材。木匠师傅不知道，这棵树已修仙得道，成了精。到了夜里，这棵树精就给木匠师傅托梦说：你胡说我是"散木"，你才是"散人"，你哪里知道我追求这个"无用"追求了多少年啊!要成就无用之才,才能得保千年!

我虽然爱不释手,却不解其深意。后来才逐渐明白,这则寓言表达的是庄子的道德总原则理论。按照该理论,要使自己成为有用之才是大错特错的。树木要是有用,还能长久吗?早就被砍伐了。当栋梁有什么好?命没了!所以,白居易说:"木尽天年为不材。"只有无用的才能活得成。所以人不要做有用于人的人,那样就危险了!"出头的椽子先烂""蛾眉曾有人妒""自古红颜多薄命",越是有用越不得好。庄子一言以蔽之曰:"为善无近名,为恶无近刑,缘督以为径,可以保身。"[①]这就是说,既不应该为善利人,为善没有不近乎名的;也不应该为恶损人,为恶没有不近乎刑的;只应该走中间道路:既不利人又不损人地单纯利己!

这就是围绕道德总原则所形成的一种理论流派:个人主义。个人主义属于利己主义范畴。利己主义认为每个人的一切行为都是为自己的,没有无私的行为,从而否定无私利他,而倡导"利己不损人"。利己主义分为两派:合理利己主义与个人主义。合理利己主义(rational egoism)认为集体和社会的价值至高无上,因而主张以依靠社会和他人为手段,最终倡导"为己利他",其代表人物当推爱尔维修、霍尔巴赫、费尔巴哈、车尔尼雪夫斯基和霍布斯、洛克、曼德威尔以及我国的老子、韩非、李贽、龚自珍、梁启超、陈独秀等等。个人主义否认集体和社会的价值,因而反对以依靠社会和他人为手段,而主张以依靠个人为手段,最终倡导"单纯利己",其代表主要是杨朱、庄子和尼采、海德格尔、萨特五大家。

围绕道德总原则所形成的另一种流派,叫做利他主义。利他主义的代表人物当推孔子、墨子、耶稣和康德。儒家墨家康德和基督教一样,都将无私利人奉为评价行为是否道德的道德总原则:为自己都是不道德的,只有无私利他才是道德的。他们的分歧,不过是利他主义的内部分歧,可以归结为爱有差等与爱无差等之争。儒家主张爱有差等,"亲亲而仁民",由爱自己的父母,推而爱别人的父母。墨家和基督教主张爱无差等,同等地爱亲与民以及一切人。我们则否定墨

[①]《吕氏春秋·审为》。

家，主张一种新的爱有差等，亦即爱别人的父母应该多于爱自己的父母、"先民后亲""全心全意为人民"。

不难看出，真理是利他主义与利己主义之辩证统一，亦即认为无私利他是至善、为己利他是基本善、单纯利己是最低善，可以称之为"己他两利主义"；而利他主义与利己主义不过是分别夸大无私利他、为己利他和单纯利己三大善原则的片面化谬误：

利他主义夸大了行为的偶尔目的（为他人）和善的偶尔且非基本原则（无私利他），抹煞了行为的恒久目的（为自己）和善的恒久且基本原则（为己利他）；因而在偶尔的非基本的方面是真理，而在恒久的基本的方面是谬论。反之，利己主义夸大了行为的恒久目的（为自己）和善的恒久且基本原则（为己利他），抹煞了行为的偶尔目的（为他人）和善的偶尔且非基本原则（无私利他）；因而在恒久的基本的方面是真理，而在偶尔的非基本方面是谬论。

庄子寓言：一棵粗大无比的树下，观者如市。

因此，利己主义与利他主义虽同为谬论，但其轻重有所不同。利他主义错误最重，危害也最重。因为它否定目的利己、反对一切个人利益的追求，这样，一方面，它对每个人的欲望和自由损害便最为严重；另一方面，则堵塞了每个人增进社会和他人利益的最有力的源泉。于是，合而言之，利他主义道德便是给予每个人的害与利的比值最大的道德，因而也就是最为恶劣的道德。反之，利己主义错误较轻，危害也较小。它的危害主要在于伤害人们无私利他、自我牺牲的热忱和冲动，必然减少无私利他、自我牺牲的人类最为崇高的行为。但是，一方面，利己主义对每个人的欲望和自由侵犯最为轻微：它仅仅侵犯、否定每个人的损人的欲望和自由；另一方面，利己主义增进全社会和每个人利益又相当迅速，因为它鼓励一切有利社会和他人的个人利益的追求，也就开放了增进社会和每个人利益的最有力的源泉。

思考题

1. 冯友兰说："以得到自己的利益为目的的行为，虽可以是合乎道德的，但并不是道德的行为。"反之，斯宾诺莎则断言："一个人愈努力并且愈能够寻求他自己的利益或保持他自己的存在，则他便愈有德性。"谁是谁非？
2. 成名成家是否既有利于自己又有利于社会从而属于自我利益与社会利益一致的行为？如果回答是肯定的，那么，要求一个人为祖国而不为自己成名成家，是否因其压抑和牺牲了自我欲望、利益而违背了在利益一致情况下"不损害一人地增加利益总量"的道德终极标准？是否只应该要求人们为自己成名成家或既为自己又为祖国成名成家？
3. 庄子曰："为善无近名，为恶无近刑，缘督以为径，可以保身。"这就是说，既不应该为善利人，因为为善没有不近乎名的；也不应该为恶损人，因为为恶没有不近乎刑的；而只应该走中间道路：既不利人又不损人地单纯利己。这样理解是否歪曲了庄子？

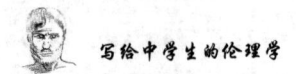

参考文献

冯友兰：《中国哲学简史》，北京大学出版社1985年版。
王海明：《伦理学原理》第三版，北京大学出版社2009年版。
Louis P.Pojman, *Ethical Theory: Classical and Contemporary Readings.* Wadsworth Publishing Company, USA, **1995.**

第五章

公正与平等：
国家制度好坏的根本价值标准

贡献是权利的源泉和依据，因而社会分配给每个人的权利应该与他的贡献成正比而与他的义务相等。这就是社会公正根本原则："贡献原则。"当我们依据这一原则具体对每个人的基本权利与非基本权利进行分配时，便会发现，平等是最重要的社会公正。因为一方面，每个人因其最基本的贡献完全平等——每个人一生下来便都同样是缔结、创建社会的一个股东——而应该完全平等地享有基本权利、完全平等地享有人权。这就是基本权利完全平等原则。另一方面，每个人因其具体贡献的不平等而应享有相应不平等的非基本权利，也就是说，人们所享有的非基本权利的不平等与自己所做出的具体贡献的不平等比例应该完全平等。这就是非基本权利比例平等原则。

1. 公正是什么：断人一指应该被砍头吗

有个场景我终身难忘，1974年的一天，我正走在白城市海明大街，迎面开来几辆装满犯人的敞篷刑车,原来是死刑犯赴刑场前的游街示众。但见车上每个犯人胸前都挂着一个大牌子,上面写着犯人姓名并被用红笔画上个大叉子。突然,刑车上有犯人对地上一个抱着孩子跟车走的女人大喊:"儿子长大让他学法律,看看砍掉别人一根指头应不应该掉脑袋!"我定睛一看,他胸前的牌子上居然明晃晃地写着我的名字:王海明!次日,我到白城市委宣传部上班,同事马力笑着问我:"哎呀,昨天你不是被枪毙了吗?怎么今天又来上班了?"

原来,有一天,那个叫王海明的人正在家中吃饭,忽然姐夫跑来,说是被人打了,让他帮忙打架去。他二话没说,拿把斧子就跟着姐夫去了,把对方剁掉一个指头。剁掉别人一个指头就被砍头,应该吗?确实不应该!这违反"等害交换"的公正原则,是不公正的。因为所谓公正,与公平、正义和公道是同一概念,都是指同等的利害相交换的行为,就是等利交换与等害交换,就是恶有恶报善有善报:恶有恶报就是等害交换;善有善报就是等利交

在开赴刑场的解放牌汽车上,一死刑犯大叫:"断人一指应该被砍头吗?"

换。我困难的时候你给我100块钱，你困难的时候我也给你100块钱。这叫做等利交换，是公正的一个方面。相反地，《圣经》说：以眼还眼，以牙还牙。你挖我一个眼睛，我也挖你一个眼睛；你打掉我一颗牙，我也打掉你一颗牙。这叫做等害交换，是公正的另一个方面。合而言之，同等的利害相交换，就叫公正。

那么，不同等的利害相交换是否就是不公正呢？不一定。因为不同等的利害相交换可以分为两类。一类是恶的，一类是善的。善的不等利交换，比如"滴水之恩，涌泉相报"，不能说它公正，更不能说它是不公正，它无所谓公正不公正，它超越了公正不公正，叫做"仁爱"。善的不等害交换，比如说，你割了我耳朵，我不割你耳朵，或者我仅仅骂你两句。这就是你给我大害，我给你小害或者不给你损害，属于善的不等害交换。不能说这种不等害交换是不公正，也不能说它是公正，它超越了公正不公正，叫做"宽恕"。

另一种不同等的利害相交换是恶的。那个王海明，他把人家的手指头给剁去一根，结果被砍头，就是恶的不等害交换，显然是不公正。不公正的另一方面是恶的不等利交换。比如说，你穷困潦倒时我给你一万块钱，而你飞黄腾达时，却不搭理已经捉襟见肘的我，这就是恶的不等利交换，显然也是一种不公正。合而言之，不公正就是恶的不等利交换与恶的不等害交换，就是恶的不同等利害相交换。

公正与不公正，说到底，正如亚里士多德所言，乃是人类最重要最根本的道德，是城邦——亦即国家——制度好坏的最重要最根本的价值标准。因为任何国家或社会，要存在发展，正如斯密所言，必须满足两个条件。一个是每个人必须积极地谋取社会和他人利益。社会是一个我为人人、人人为我的利益合作体系，每个人必须积极为社会谋取利益，否则，如果人人都偷奸耍滑，合作岂不崩溃？第二个条件是每个人对社会对他人的损害必须控制在一定的范围限制之内，否则，人们整天互相打打杀杀，社会岂不崩溃？那么，怎样才能做到这两点，使社会得以存在和发展呢？

儒家与基督教一致，认为只要一个字"爱"就可以了。粗略看来，很有道理。因为一方面一个人如果爱别人，确实就不会损害别人。如果有人告诉你，说我王海明想害你，你可能会相信。但是，如果他说你父母想害你，你绝不会相信。为什么？岂不就是因为父母爱你？另一方面，爱别人就能为别人谋取利益。我至今难忘，幼时夜里一觉醒来，往往看到母亲仍在昏暗的油灯下为我们缝补衣裳。她劳累了一天，为何还挑灯夜战？因为她深爱我们兄弟姐妹六个孩子！

然而，按照休谟的观点，靠爱来使人增进社会、他人利益和避免相互损害，是万万行不通的，因为每个人对他人和社会的爱和慷慨都是极其有限、苍白无力的。确实，"爱有差等"的人性定律表明：每个人自爱必多于爱人，为己必多于为人；说到底，每个人必然恒久为自己，而只能偶尔为他人。偶尔的行为怎么可能使社会存在发展呢？那么，如何是好？等利交换！因为按照等利交换原则，你给社会和他人谋取多少利益，你自己就能得到多少利益，因而为别人谋利益就等于为自己谋利益。这样一来，你岂不就如同为自己谋利益一样积极地谋取社会和他人的利益？

依靠爱也达不成社会存在发展的另一个条件：避免相互损害。因为正如弗洛伊德所说，每个人都有巨大的破坏性冲动。说一个人狼心狗肺，好像是贬低了人。其实，狼难道比人更凶狠吗？狼什么时候像希特勒那样屠杀六百万犹太人？狼比白起更凶狠吗？白起长平之战坑杀了赵国四十万人啊！南京大屠杀，一下子就屠杀了三十万中国人哪！狼有这么凶狠吗？可见，人的内心包藏着多么强烈的破坏和损害的冲动啊！靠软弱无力的爱人之心，怎么能使人们避免相互间的损害呢？那么，靠什么呢？靠"等害交换"。因为等害交换意味着：你损害社会和他人，就等于损害自己；你损害社会和他人多少，就等于损害自己多少。这样，每个人要自己不受损害，就必须不损害社会和他人。想想看，你为什么没有把情敌的鼻子咬下来？你多么想咬下来啊！咬鼻子的事在谈恋爱的时候确实发生过呀！那么，你为什么没有把他的鼻子咬下来？因为你不敢哪！为什么不敢？因为按照"等害交换"原则，你咬掉他的鼻子，那你就得遭受同等损害。

等害交换+等利交换=公正。因此，唯有公正才能达成社会存在发展的两个必要条件——亦即每个人积极谋取公共利益和避免相互损害——因而也就是社会制度和社会治理好坏的根本价值标准，是国家制度和国家治理好坏的根本价值标准。罗尔斯将这一见地概括为一段气势磅礴的宣言："公正是社会制度的首要善，正如真理是思想体系的首要善一样。一种理论，无论多么高尚和简洁，只要它不真实，就必须拒绝或修正；同样，某些法律和制度，无论怎样高效和得当，只要它们不公正，就必须改造或废除。"①

2. 公正根本原则：举贤勿拘品行令

曹操堪称奇人，且不说他竟敢冒天下之大不韪，取一个妓女为妻；我这里要讨论的是他的《举贤勿拘品行令》：

> 昔伊挚、傅说出于贱人；管仲，桓公贼也，皆用之以兴。萧何、曹参，县吏也；韩信、陈平负污辱之名，有见笑之耻，卒能成就王业，声著于载。吴起贪将，杀妻自信，散金求官，母死不归，然在魏，秦人不敢东向，在楚则三晋不敢南谋。今天下得无有至德之人放在民间，及果勇不顾，临敌力战，若文俗之吏，高才异质，或堪为将守；负污辱之名，见笑之行，或不仁不孝而有治国用兵之术：其各举所知，勿有所遗。

我每读此文，都感慨唏嘘不已：孟德此令虽遭非议，却深得社会公正根本原则之真髓！因为公正之为国家制度好坏的最根本最重要的价值标准，并不是一个单一的原则，而是个由若干原则构成的公正原则体系："等利(害)交换"只不过是统摄其他原则的公正总原则罢了。公正的根本原则无疑是根本的利害相交换——亦即权利与义务相交换——的原则：社会分配给每个人的权利应该与其贡献成正比而等于其所负有的义务。这就是社会公正根本原

---

①John Rawls, *A Theory of Justice* (Revised Edition). The Belknap Press of Harvard University Press, Cambridge, Massachusetts, 2000, p.3.

则，亦即所谓贡献原则。

但是，当按此原则分配权利与义务的时候，会发现很多权利的分配，比如说职务、地位、权力等权利的分配，好像不得不背离这个原则。诸葛亮当时24岁，什么贡献也没有，可是刘备却三顾茅庐，委任以军师，这不是背离了贡献原则吗？没有。因为，贡献原本有潜在贡献和实在贡献的区别。所谓潜在贡献，也就是才能、品德等自身的内在的贡献因素和运气、出身等非自身的外在的贡献因素，也就是导致贡献的因素、原因，是尚未作出但行将作出的贡献，是可能状态的贡献。反之，实在贡献则是德才、运气、出身诸贡献因素相结合的产物，是已经作出来的贡献，是现实状态的贡献。

我们在进行权利分配的时候，真正的依据乃是内在的，而不是外在的贡献因素，是才能和品德，而不是出身和运气。因为才能和品德是一种必然性的贡献的要素，是没有作出但是必将作出贡献的要素。因此，按照才能和品德来分配权利，也就无异于按照贡献分配权利。相反，出身和运气则是一种偶然性的贡献要素，是可能作出也可能作不出贡献的要素，甚至还可能作出负贡献。比如高干子弟，他可能作出大贡献，但也更可能作大坏事。所以，如果按照出身和运气这些外在的贡献要素来分配权利，就可能背离了权利应该按照贡献分配的原则。

然而，才能和品德只有结合起来，才是一种必然性的潜在贡献；二者如果分离开来，有才无德，或者有德无才，便都沦为与出身、运气一样的偶然性的潜在贡献了：二者都可能作出也可能作不出贡献。有才无德，不但有可能做不出大贡献，而且正如司马光所指出，反倒可能作出负贡献："自古昔以来，国之乱臣、家之败子，才有余而德不足，以至于颠覆者多矣。"[1]相反的，有德无才，也可能作出负贡献，亦即所谓"好心办坏事"。遍观历史，好心办坏事的人，给社会带来的危害，其实比那些"有才无德"的人还要严重，以致马克思说："通向地狱的道路是由良好的意图铺成的。"[2]因此，我们应该任人唯贤，而不能"任人唯才"或者是"任人唯德"。何谓贤？才能

---

[1] 李国祥等主编：《资治通鉴全译》第一卷，贵州人民出版社1990年版，第18页。
[2] 马克思：《资本论》，中国社会科学出版社1983年版，第179页。

加美德叫贤。任人唯才是片面的，任人唯德也是片面的。曹操讲唯才是举，但仔细分析起来，实际上他并不主张唯才是举。就拿他写的《举贤勿拘品行令》来说。确实，吴起杀妻自信、散金求官、母死不归。他为了取得国君的任用而杀死自己的老婆，为了当官而去行贿，母亲死了也不回家奔丧，实实在在是个缺德的人，是不是啊？韩信呢，是一个胯下夫。韩信高高大大，仗剑出游，却从一个市井无赖的胯下钻过去。你那么大的个子有那么大的力量还仗剑出游，怎么能当胯下夫呢？实在懦弱之至，缺乏勇敢的美德。还有陈平，盗嫂受金。他父亲死了，是哥哥把他培养大的。可是他反过来给自己的哥哥戴绿帽子。

可是，仔细分析起来，重用陈平、韩信和吴起，果真堪称唯才是举吗？不能！因为人的才能多种多样而绝无全才之人；人的品德也是多种多样而绝无全德之人。所谓才智之士，必定只是在某些方面有才能而在其他方面则无才能；所谓有德之士，也必定只是在某些方面有德而在其他方面则无德。一个人很勇敢，却可能不谨慎；很勤奋，却可能不节制；很自尊，却可能不谦虚；很仁慈，却可能不公正。因此，所谓任人唯贤、兼顾德才，便绝非求全责备；而是"用人如器"：像使用器具只用其长那样，根据一个人所具有的品德和才能的性质、类型，而分配与其相应的职务等权利。举例说，如果按照用人如器原则分配军事统帅职务，那么，一方面，从才能上看，可无诗才、辩才，也可无治国之术，却不可无用兵之术；另一方面，从品德上看，可以不仁不孝、贪而好利，却不可鲁莽或怯懦，不可背弃重用自己的国家、国君。

由此观之，曹操的用人原则，真正讲来，并非任人唯才，而正是用人如器："士有偏短，庸可废乎？"[①] 他用来标榜其唯才是举原则的吴起、陈平、韩信，也都只是缺乏那些将相可有可无的流行美德：不仁不孝、贪而好利等等。然而，三人均不乏将相必备的品德：忠于重用自己的君主。吴起弃鲁投魏，又弃魏投楚，并非反复无常、忘恩负义，而都是因为鲁、魏国君

---

① 曹操：《举贤勿拘品行令》，《曹操集译注》，中华书局1979年版，第160页。

曹操："士有偏短，庸可废乎？"

"疑之而弗信也"。①韩信对还在重用自己的汉王刘邦，可谓忠心耿耿，以至当项羽派武涉劝韩信背叛汉王与楚三分天下而称王时，"韩信谢曰：'臣事项王，官不过郎中，位不过执戟，言不听，画不用，故背楚而归汉。汉王授我上将军印，予我数万众，解衣衣我，推食食我，言听计用，故吾得以至于此。夫人深亲信我，我倍之不祥，虽死不易'。"②陈平盗嫂受金，但并非"反复乱臣"，否则，他纵有管仲之才，刘邦也不会重用他。因为当周勃、灌婴谗陈平为"反复乱臣"时，刘邦大疑，遂"召让陈平曰：'先生事魏不中，遂事楚而去，今又从吾游，信者固多心乎？'平曰：'臣事魏王，魏王不能用臣说，故去事项王。项王不能信人，其所任爱，非诸项即妻之昆弟，虽有奇士不能用，平乃去楚。闻汉王之能用人，故归大王。臣裸身而来，不受金无以为资。诚臣计画有可采者，愿大王用之；使无可用者，金俱在，请封输官，得请骸骨。'汉王乃谢，厚赐，拜为护军中尉，尽护诸将。"③

---

① 《史记·孙子吴起列传》。
② 《史记·淮阴侯列传》。
③ 《史记·陈丞相世家》。

可见，陈平、韩信和吴起都是具有将帅所必备的美德的。因此，曹操的《举贤勿拘品行令》并非用人不看品德，而是不看那些将相可有可无的正统美德：仁、孝、廉洁；却十分看重那些将相必备的品德——忠诚——因而深得社会公正根本原则之真髓！所以，倡导唯才是举的曹操实际上并非唯才是举，而是任人唯贤；否则他就不会杀吕布了。吕布是天下第一条好汉哪！"一吕二赵三典韦，四关五马六张飞"嘛。第一条好汉就是吕布。曹操爱才如命，是吧？可是最后怎么还把他杀了呢？杀他的原因是什么呢？吕布当时求饶，愿为曹操效力。曹操确实动了心，他转过身来问刘备。刘备却对他说：明公难道忘了丁奉和董卓的事情吗？二人都是吕布的义父，最后却都被吕布杀死。所以，吕布具有背叛恩公的恶德，而毫无忠于主公的美德。这就是曹操杀死吕布的唯一原因。

总而言之，德与才是职务等权利的潜在的源泉和依据；换言之，社会应该任人唯贤，按照每个人的德与才分配职务等权利；说到底，社会应该用人如器，根据每个人所具有的品德与才能的性质而分配与其相应的职务等权利。这就是社会根本公正的德才原则。那么，同为社会公正根本原则的"德才原则"与"贡献原则"是何关系？

德才是潜在贡献，是权利分配的潜在依据；而贡献则是德才的实在结果，是权利分配的实在依据。因此，德才原则无非是潜在的贡献原则，是社会根本公正的潜在原则；而贡献原则则是社会根本公正的实在原则。于是，说到底，德才原则不过是贡献原则的推演、引申，因而完全从属于、依据于、决定于贡献原则；而贡献原则则高于德才原则：当二者发生冲突时，应该保全贡献原则而牺牲德才原则。

试想，诸葛亮失街亭，他在那个时候，德才并没有比以前差，甚至还要好一些。但是，失街亭意味着诸葛亮的实在贡献变了：他不但未能成功作出贡献，反倒失败而带来祸害。所以，失街亭前诸葛亮是丞相，而失街亭后却降职三级而为右将军。为什么同样的德才却因贡献不同而不应享有同样的权利？岂不就是因为贡献原则高于德才原则？所以当潜在贡献和实在贡献发生冲突的时候，当才能品德和实在贡献发生冲突的时候，最终还是要看实在贡

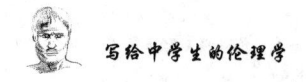

献：实在贡献具有优先性。

3. 平等：最重要的公正

我刚刚开始研究平等，就遭遇了一个世界性的难题：为什么每个人都应该完全平等享有人权？按照西方主流观点，人权是天赋的，是每个人作为人所具有的共同人性天然赋予的："人权是所有的人因为他们是人就平等地具有的权利。"[1]照此说来，一个人不管做了多大坏事，他的人权也不应该被剥夺。因为他再坏，也与最好的人一样地是人。对此，这些天赋人权论者辩解说："每个人一生下来便应该享有人权。但是，如果一个人做坏事做到一定程度，侵犯了他人的人权，那么他的人权便应该被剥夺，他便不应该再享有人权了。"既说凡是人都应该享有人权，又说坏人不应该享有人权，岂不自相矛盾？摆脱之法显然只有否定其一。而凡是人都应该享有人权否定不得，于是只好否定坏人是人了："坏人只有坏到不是人的时候，才可以剥夺其人权。"[2]坏人难道会坏到不是人的程度吗？坏人再坏，不也是坏人，不也与好人同样是人吗？

1996年冬，我被这个难题迷住了。差不多每天上午，我都在家里阅读有关书刊资料；午睡起来，便去颐和园冬泳。漫长而又持续不断的绞尽脑汁的苦苦思索，使我感到大脑有如肌肉过累般的酸痛。可一钻进冰水，便酸痛顿消、头清目明。出来穿上衣服，到昆明湖上小跑。但见冰天一色、上下交映、六合澄明，不觉思如泉涌：我找到了！当此际，我体验到了阿基米德发现浮力定律的狂喜：我享有人权的依据全在于我是创造社会的一个人！

原来，当我们依据"贡献原则"——亦即社会公正根本原则——对每个人的基本权利与非基本权利进行分配时，便会发现：最重要的社会公正就是平等：一方面，每个人所享有人权应该完全平等；另一方面，每个人所享有

---

[1] 沈宗灵、黄楠森主编：《西方人权学说》（下），四川人民出版社1994年版，第116页。
[2] 邱本：《无偿人权和凡人主义》，《哲学研究》1997年第2期，第41页。

我冬泳后在昆明湖上小跑，但见冰天一色、上下交映、六合澄明，不觉思如泉涌：我找到了！

的非人权权利应该比例平等。因为，所谓人权亦即基本权利，就是每个人在经济、政治和思想等方面最低的、起码的、必要的权利；而非基本权利亦即非人权权利，是人们所享有的比较高级的权利。简单地说，吃饱，就是基本权利，是人权；吃好，就是非基本权利，就是非人权权利。有地方住，哪怕是绳床瓦灶、蓬牖茅椽，就叫做基本权利，就是人权；而我若是住在高楼大厦，像现在北大清华教授那样，在蓝旗营小区住一百多平米，那就是非基本权利，就是非人权权利。

任何权利——不论是人权还是非人权权利——都只应依据于贡献而按贡献分配。每个人之所以应该完全平等地享有人权，只是因为每个人都完全一样地是缔结、创造社会的一个人、一个成员、一个"股东"。因为人是社会动物，脱离社会，人便无法生存。所以，每个人的一切利益，说到底，便都是社会给予的：社会对于每个人具有最高效用、最大价值。而社会又不过是每个人的结合，不过是每个人所结成的大集体。因此，每个人不论如何，只要他一生下来，便同样为他人作了具有最高效用最大价值的最大贡献：缔结、创建社会。

确实，缔结社会在每个人所做出的一切贡献中是最基本最重要最大的贡献。牛顿最大的贡献是什么？不是万有引力定律，而是缔结社会。曹雪芹的最大贡献在哪里？不是写作《红楼梦》，而是与我们一样，是缔结社会的一员。因为任何人的其他一切贡献皆基于此！若没有社会，任何人连生存都无法维持，又谈何贡献？没有社会，贝多芬能贡献《命运交响曲》、曹雪芹能写出《红楼梦》、瓦特能发明蒸汽机吗？那么，做为缔结人类社会的一员、一个人究竟应该得到什么呢？无疑至少应该得到生存和发展的必要的、起码的、最低的权利，即享有所谓人权。因此，每个人因其最基本的贡献完全平等——每个人一生下来便都同样是缔结、创建社会的一个股东——而应完全平等地享有基本权利、完全平等地享有人权。这就是人权、基本权利完全平等原则，也就是所谓的"人权原则"。这就是为什么每个人都应该完全平等享有人权的缘故。

每个人应该完全平等享有人权、基本权利，似乎意味着：每个人应该不平等地享有非人权权利、非基本权利或比较高级的权利。非也！任何权利分配的不平等都是不公正的。只不过，基本权利应该完全平等，而非基本权利应该比例平等。所谓非基本权利比例平等，不过是说，谁的贡献较大，谁便应该享有较大的非基本权利；谁的贡献较小，谁便应该享有较小的非基本权利；每个人因其贡献不平等而应享有相应不平等的非基本权利。这样，人们所享有的权利虽是不平等的，但每个人所享有的权利的大小之比例与每个人所作出的贡献的大小之比例却应该完全平等；或者说，每个人所享有的权利的大小与自己所作出的贡献的大小之比例应该完全平等。这就是非基本权利比例平等原则。举例说，张三作出一份贡献，应享有一份权利；李四作出三份贡献，便应享有三份权利。这样，张三与李四所享有的权利是不平等的。但是，张三与李四所享有的权利之比例与他们所作出的贡献之比例却是完全平等的；换言之，他们所享有的权利与自己所作出的贡献的比例是完全平等的：

第五章 公正与平等：国家制度好坏的根本价值标准

$$\frac{张三一份权利}{张三一份贡献} 等于 \frac{李四三份权利}{李四三份贡献} 或者 \frac{张三一份权利}{李四三份权利} 等于 \frac{张三一份贡献}{李四三份贡献}$$

非基本权利应该比例平等原则表明，社会应该不平等地分配每个人的非基本权利。但是这种权利不平等的分配应该完全依据贡献的不平等，从而使人们所享有的权利与自己所作出的贡献的比例达到平等。为了做到这一点，在这种权利不平等的分配中，正如罗尔斯的补偿原则所主张的，获利较多者还必须给较少者以相应的补偿权利。[1]因为获利多者比获利少者较多地利用了双方共同创造的资源："社会""社会合作"。并且获利越少者对共同资源"社会合作"的利用往往便越少，因而所得的补偿权利便应该越多；获利最少者对"社会合作"的利用往往便最少，因而便应该得到最多的补偿权利。

举例说，那些大歌星、大商贾、大作家，是获利较多者。他们显然比工人农民们等获利较少者较多地使用了双方共同创造的资源："社会""社会合作"。若是没有社会、社会合作，这些大歌星大商贾大作家们统统都会一事无成；若非较多地使用了社会合作，他们也绝不可能作出那些巨大贡献。这些获利较多者的贡献之中既然包含着对共同资源的较多使用，因而也就间接地包含着获利较少者的贡献。于是，他们因这些巨大贡献所取得的权利，便含有获利较少者的权利。所以，便应该通过个人所得税等方式从获利较多者的权利中，拿出相应的部分补偿、归还给获利较少者。否则，获利多者便侵吞了获利少者的权利，是不公平的。

完全平等与比例平等，不过是权利平等的两个侧面。合而言之，可以得出结论说：一方面，每个人因其最基本的贡献完全平等——每个人一生下来便都同样是缔结、创建社会的一个股东——而应该完全平等地享有基本权利、完全平等地享有人权，这是完全平等原则，亦即所谓人权原则；另一方

---

[1] John Rawls, *A Theory of Justice* (Revised Edition). The Belknap Press of Harvard University Press Cambridge,Massachusetts,2000, p.13.

面，每个人因其具体贡献的不平等而应享有相应不平等的非基本权利，也就是说，每个人所享有的非基本权利的不平等，与自己所作出的具体贡献的不平等的比例应该完全平等，这是比例平等原则，是非人权权利分配原则。这就是权利平等总原则的两个方面，这就是平等总原则，从中可以推导出三个更为具体的平等原则：

首先，是政治平等原则。每个人不论具体政治贡献如何，都应该完全平等地享有政治自由——政治自由是人权——亦即完全平等地共同执掌国家最高权力，从而完全平等地共同决定国家政治命运；另一方面，每个人又因其具体政治贡献(政治才能＋道德品质)的不平等而应该担任相应不平等的政治职务——政治职务属于非人权权利——从而使每个人所担任的政治职务的不平等与自己的政治贡献(政治才能＋道德品质)的不平等的比例完全平等。这就是衡量国家制度好坏的政治平等标准。

其次，是经济平等原则。一方面，在任何社会，每个人不论劳动多少、贡献如何，都应该按人类基本物质需要完全平等地分配基本经济权利(即按需分配)。另一方面，在私有制社会，应该按照每个人所提供的生产要素的边际产品价值，而分配给他含有等量交换价值的非基本经济权利，以便使每个人所享有的非基本经济权利的不平等与自己所贡献的生产要素的边际产品价值的不平等的比例完全平等(即按生产要素分配)；在公有制社会，则应按每个人所贡献的社会必要劳动时间，而分配给他含有同量社会必要劳动时间的非基本经济权利，以便使每个人所享有的非基本经济权利的不平等与自己所贡献的社会必要劳动时间的不平等的比例完全平等(即按劳分配)。这就是衡量国家制度好坏的经济平等标准。

最后，是机会平等原则。政府所提供的发展才德、作出贡献、竞争职务和地位以及权力和财富等非基本权利的机会，是全社会每个人的基本权利，是全社会每个人的人权，应该人人完全平等。反之，家庭、天赋、运气等非社会所提供的机会，则是幸运者的个人权利，无论如何不平等，他人都无权干涉；但幸运者利用较多机会所创获的较多权利，却因较多地利用了共同资源"社会合作"而应补偿给机会较少者以相应权利。这就是衡量国家制度好坏的机会平等标准。

　　这些平等原则在一切公正问题中无疑具有最重要的意义：平等是最重要的公正。公正，如前所述，乃是人类最根本最重要的道德，是衡量国家制度好坏的最根本最重要的价值标准。因此，说到底，平等原则便是人类最根本最重要的道德，是衡量国家制度好坏的最根本最重要的价值标准。然而，遗憾的是，公正与平等不是人类最完美的道德，也不是国家制度最高价值标准。因为公正要求以牙还牙、以眼还眼，显然既非完美，更非最高标准。那么最完美最高的国家制度价值标准是什么？是人道和自由。

思考题

1. 关于公正起源和前提，休谟曾这样写道："正义起源于人类契约；这些契约的目的在于解决人类心灵的某些性质和外界物品的情况相结合所产生的某些困难。心灵的这些性质就是自利和有限的慷慨；而外界物品的情况则是它们的易于交换，并且对于人类的需要和欲望是供不应求的。""如果每个人对他人都充满仁爱之心，或者自然供应的物品能够丰富到满足我们的一切需要和欲望，那么，利益计较——它是公正原则存在的前提——便不存在了；现在人们之间通行的有关财产及所有权的那些区别和限制也就不需要了。因此，人类的仁爱或自然的恩赐如果能够增进到足够的程度，就可以使公正原则毫无用处而代之以更崇高的美德和更有益的祝福。"（David Hume, *A Treatise of Human Nature.* The Clarendon Press Oxford, 1949, p.199.）为什么，如果人们相互间充满仁爱之心，或者物品能够丰富到满足我们的一切需要，就不会有公正原则了？

2. 在一次体育竞赛中，甲夺得冠军，乙屈居亚军。如果乙在甲夺冠之后，努力锻炼，终于在下一次比赛中击败甲，报了上一次的一箭之仇而夺得冠军。那么，乙对甲是一种等害交换，因而是一种公正吗？反之，如果乙在下一次比赛中，通过投毒来击败甲而夺得冠军，那么，乙对甲是等害交换，因而是一种公正吗？如果乙出于妒嫉而杀死了甲，甲的哥哥杀死了乙而为甲报仇。甲的哥哥对乙是等害交换，因而是一种公正吗？

3. 亚里士多德最早阐明了由两个原则所构成的平等总原则："平等有两种：数目上的

平等与以价值或才德而定的平等。我所说的数目上的平等是指在数量或大小方面与人相同或相等；依据价值或才德的平等则指在比例上的平等。……既应该在某些方面实行数目上的平等，又应该在另一些方面实行依据价值或才德的平等。"（《亚里士多德全集》第九卷。中国人民大学出版社1994年版，第163页。）罗尔斯将这两个平等原则修改如下："处在最初状态中的人们将选择两个相当不同的原则：第一个原则要求平等地分配基本的权利和义务；相反地，第二个原则主张社会和经济的不平等，如财富和权力的不平等，只要其结果能给每个人——特别是那些最少受益的社会成员——带来补偿利益，它们就是正义的。"（John Rawls, *A Theory of Justice* [Revised Edition], The Belknap Press of Harvard University Press, Cambridge,Massachusetts, 2000, p.13.）罗尔斯对亚里士多德的修正主要有两点：1,将第二个原则叫做不平等原则，而不叫做比例平等原则；2,因此，罗尔斯背离两个原则——基本权利完全平等和非基本权利比例平等——历来被名为"平等原则"的传统，而称其为"两个正义原则"。罗尔斯是向前推进了亚里士多德的理论吗？

参考文献

罗尔斯：《正义论》，中国社会科学出版社1988年版。
王海明：《公正与人道》，商务印书馆2010年版。
Mortimer J.Adler, *Six Great Ideas*, **A Touchstone Book. Published by Simon & Schuster, New York ,1997.**

第六章
人道和自由：国家制度最高价值标准

　　所谓人道，有广义与狭义之分。就其广义来说，人道是基于人是最高价值的博爱行为，是视人本身为最高价值而善待一切人、爱一切人、把任何人都当人看待的行为，也就是"把人当人看"的行为："把人当人看"是衡量一切行为是否人道的广义的、浅层的、初级的总原则。就其狭义来说，人道是视人本身的自我实现为最高价值而使人自我实现的行为，也就是视人的创造性潜能的实现为最高价值而使人实现自己的创造性潜能的行为，也就是"使人成为人"的行为："使人成为人"是衡量一切行为是否人道的狭义的、深层的、高级的总原则。

　　自由是自我实现的根本条件，二者成正相关变化：一个人越自由，他的个性发挥得便越充分，他的创造潜能便越能得到实现，他的自我实现的程度便越高。因此，自由是最根本的人道，说到底，是国家制度好坏的最高价值标准。

1. 何谓人道：他真是一位好父亲吗？

2000年的一个冬日，我晚饭后习惯地打开电视，看到的是这样的一位父亲形象。他的女儿学习特别好，极其优秀，以致有位记者采访她，问她为什么学习这么好？她父亲春风满面地回答道："我的乖女儿做什么事都是我给设计的，她是最听话最好的孩子呀！"她妈妈也不无骄傲地补充说："孩子她爸恐怕是这个世界上最好的父亲！他对女儿的关怀无微不至，真是含在嘴里怕化了，拿在手里怕吓着啊！这就是她为什么学习这么好的根本原因。"女孩儿也洋洋自得地说："我一切都听我爸爸的，我是最乖的女孩儿。"我想问问大家，这位父亲果然是这个世界上最好的父亲吗？不！他不但不是最好的父亲，而且根本就不是什么好父亲：他是一个极不人道的父亲！这个道理说来话长，且让我们从人道主义概念讲起吧。

人道主义概念有广义与狭义之分。广义的或浅层的初级人道主义，亦即博爱的人道主义，主要为中国传统文化和西方基督教以及各种宗教所倡导。这种人道主义认为人本身是最高价值，从而主张"把人当人看"，亦即把人作为最高价值来善待。可是，文艺复兴时期思想家们发现，包含着诸多负价值(残忍、病痛、嫉妒、不幸等等)的人，其本身不都是最高价值，而只有人本身的自我实现——亦即实现自己的创造性潜能从而成为一个可能成为的最有价值的人——才是最高价值。因为一方面，人本身的自我实现所满足的乃是个人的最高需要。现代心理学——特别是马斯洛心理学——的成果表明：人有五种基本需要，按照从低级到高级的顺序，依次是：生理需要、安全需要、爱的需要、自尊需要、自我实现需要。人本身的自我实现所满足的既然是人的最高需要，因而也就具有最高价值：最高价值岂不就是满足最高需要的价值？

另一方面，人本身的自我实现能够最大限度地满足全社会和每个人的一切需要。因为任何社会的财富，不论是物质财富还是精神财富，统统不过是人的活动的产物，不过是人的能力之发挥、潜能之实现的结果。所以，人本身的自我实现越充分、人的潜能实现得越多，社会的物质财富和精神财富便

父女两人，女儿学习特别好，父亲说："我的乖女儿做什么事都是我给设计的，她是最听话最好的孩子呀！"

越丰富，社会便越繁荣进步，而每个人的需要也就会越加充分地得到满足；反之亦然。所以，人本身的自我实现乃是一切财富的源泉，是最根本、最重要、最伟大的财富，因而也就能够最大限度地满足全社会和每个人的需要，从而具有最高价值。

因此，在文艺复兴思想家看来，堪称真理的人道主义，乃是认为人本身的自我实现是最高价值，从而把"使人自我实现而成为可能成为的最有价值的人"奉为善待他人最高道德原则的思想体系，简言之，便是将"使人成为人"奉为善待他人最高道德原则的思想体系。这就是狭义的深层的精确的高级人道主义。

从人道主义的广义与狭义及其关系可以看出，所谓人道，一方面，泛泛而言，乃是视人本身为最高价值而善待一切人、爱一切人、把任何人都当人看待的行为，是基于人是最高价值的博爱行为。另一方面，精确言之，人道乃是视人的自我实现为最高价值而使人自我实现的行为，也就是视人的创造性潜能的实现为最高价值而使人实现自己的创造性潜能的行为，说到底，也就是使人成其为人的行为。这就是我们说那位父亲不人道的缘故：他一切都替女儿设计好，因而使女儿无法实现自己的创造性潜能。

不难看出，人道与人道主义并不是关于个人应该如何行为的原则和理论，而是关于国家制度好坏的价值标准和理想国家理论。人道主义究竟言之，乃是关于将人道奉为国家制度最高价值标准的理想国家理论，是关于把"将人当人看与使人成为人"奉为国家制度最高价值标准的理想国家理论：在这种国家中，一方面，每个人都被当作人、当作最高价值来善待；另一方面，每个人都能够实现自己的创造潜能、成为一个可能成为的最有价值的人。一言以蔽之，人道是衡量国家制度好坏的最高价值标准。因此，潘扎鲁说："人道主义已经获得了一种政治纲领的意义……一种组织和管理社会的标准和法则。"[1]

2. 自由是最根本的人道：原创性青睐难以相处的怪人

大约17岁左右时，我开始迷上古今中外那些伟大人物传记。我喜欢读哲学家、文学家、政治家、艺术家、发明家和学者们的奋斗史。读这些人物的传记，就好像与他们生活在一起，十分亲切快乐。我更是将他们作为榜样，渴望成为像他们那样的人。即使达不到，也心向往之。但是，有一个问题令我不解：为什么古今中外那些大学者、大发明家、大艺术家、大文豪们，大都是些特立独行难以相处的"怪物"？待到我研究自由的价值的时候，我才明白个中因由。

原来，自由是每个人自我实现——亦即实现自己的创造性潜能——的最根本的必要条件。因为所谓创造性，也就是独创性：创造都是独创的、独特的；否则便不是创造，而是模仿了。这样，一个人的创造潜能的实现，实际上便以其独特个性的发挥为必要条件，二者成正相关变化：一个人的个性发挥得越充分，他的创造潜能便越能得到实现，他的自我实现的程度便越大；他的个性越是被束缚，他的创造潜能便越难于实现，他的自我实现的程度便

---

[1] 沈恒炎、燕宏远主编：《国外学者论人和人道主义》第三辑，社会科学文献出版社1991年版，第37页。

越低。这就是为什么古今中外那些大学者、大发明家、大艺术家、大文豪们,大都是些特立独行的"怪物";而越是不能容忍个性的社会,就越缺乏首创精神。

那么,一个人的个性究竟如何才能得到充分发挥呢?不难看出,一个人个性的发挥和实现程度,取决于他所得到的自由的程度。因为正如存在主义所说,一个人的个性如何、他究竟成为什么人,不过是他自己的行为之结果:"人从事什么,人就是什么。"① 于是,一个人只有拥有自由,能够按照自己的意志去行动,他所造成的自我,才能是具有自己独特个性的自我;反之,他若丧失自由、听任别人摆布,按照别人的意志去行动,那么,他所造就的便是别人替自己选择的、因而也就不可能具有自己独特个性的自我。

这样,自我实现的根本条件是个性的发挥;个性发挥的根本条件是自由。于是,说到底,自由便是自我实现的根本条件,二者成正相关变化:一个人越自由,他的个性发挥得便越充分,他的创造潜能便越能得到实现,他的自我实现的程度便越高;一个人越不自由,他的个性发挥便越不充分,他的创造潜能便越得不到实现,他的自我实现程度便越低。

自由是每个人自我实现、发挥创造潜能的根本条件,同时也就是社会繁荣进步的根本条件。因为社会不过是每个人之总和。每个人的创造潜能实现得越多,社会岂不就越富有创造性?每个人的能力发挥得越充分,社会岂不就越繁荣昌盛?每个人的自我实现越完善,社会岂不就越进步?诚然,自由不是社会进步的唯一要素。科学的发展、技术的发明、生产工具的改进、政治的民主化、道德的优良化等等都是社会进步的要素。但是,所有社会进步的要素,统统不过是人的活动的产物,不过是人的能力发挥之结果,因而说到底,无不以自由——潜能发挥的根本条件——为根本条件。因此,自由虽不是社会进步的唯一要素,却是社会进步的最根本的要素、最根本的条件。

自由是自我实现和社会繁荣的最根本的必要条件,意味着:自由是最根本的人道,说到底,是国家制度好坏的最高价值标准。最早发现伦理学这个

---

①海德格尔:《存在与时间》,北京三联书店1987年版,第288页。

康德　叔本华　尼采

梵高　牛顿　贝多芬　莱布尼茨

他们为什么都是特立独行难以相处的"怪物"？甚至难以相处到无法与深爱的人生活而宁愿一辈子打光棍？

至关重要原理的，是但丁。他一再说："好的国家是以自由为宗旨的。"[1] "这一个关于我们所有人的自由的原则，乃是上帝赐给人类的最伟大的恩惠：只要依靠它，我们就能享受到人间的快乐；只要依靠它，我们就享受到像天堂那样的快乐。如果事情确实如此，那么，当人们能够充分利用这个原则的时候，谁还会说人类并没有处在它最好的境况之中呢？"[2] "当人类最自由的时候，就是它被安排得最好的时候。"[3] 从这些真知灼见出发，阿克顿和哈耶克等自由主义思想家们系统论证了自由之为国家制度最高价值标准的道理。通过这些论证，他们得出结论说："自由的理念是最高贵的价值思想——它是人类社

---

[1] 周辅成编：《从文艺复兴到十九世纪资产阶级哲学家政治思想家有关人道主义人性论言论选辑》，商务印书馆1973年版，第21页。
[2] 同上书，第20页。
[3] 同上书，第19页。

会生活中至高无上的法律。"① "自由并不是达到更高的政治目的的手段，它本身即是最高的政治目的。"② "自由是一个国家的最高善。"③

3. 自由原则：扑克牌游戏规则的伦理底蕴

我有很多弱点，最大一个就是贪玩，尤其是打扑克。我和我七十多岁的老父亲熬夜打扑克最晚曾打到凌晨3点多；我和大哥、二哥以及弟弟打扑克最晚打到清晨5点多。记得1985年前后的一个夏日，我们去医院看望父亲，一见到父亲躺在床上，下身插着导尿管，我们哥儿四个不由得泪流满面。但是，眼泪还没有擦干，只听得父亲一声"打扑克吧"，我们便把父亲扶起来坐下，开始打扑克了。可是，父亲的下身还插着管子呢。可见我们家个个都是扑克谜。打扑克害处很多，但纯粹的害正像纯粹的利一样，是极其罕见的。事物往往是有一利必有一弊，反之亦然。打扑克的好处之一，就是使我明白：有强制未必不自由。

你想想看，打扑克有没有强制？它是充满着强制的：大王管小王，小王管2，2管A，A管K等等。这些都是强制性的游戏规则啊！你不服从是不行的。虽然有强制，我想，诸位打过扑克的人，都不会觉得不自由；恰恰相反，都乐在其中，非常自由。为什么呢？就是因为打扑克的强制规则是我们都同意的，因而是每个人共同意志的体现。扑克的强制规则既然是我们每个人的"公共意志"的体现，那么，我服从这个强制，既是服从别人的意志，同时也是服从我自己的意志。我对这个强制的服从，既然是服从我自己的意志，那么，我就是自由的。因为自由就是按照自己的意志去做。所以，打扑克等游戏，虽有众多的强制规则，但是，这些强制只要是每个人一致同意的，那么每个人就是自由的。

---

①阿克顿：《自由与权力》，商务印书馆2001年版，第307页。
②同上书，第49页。
③F.A. HAYEK: *Law,Legislation and Liberty*, Volume1, China Social Sciences Publishing House, Chengcheng Books Ltd, Beijing,1999,p.94.

可是，一个国家的成员往往数以亿计，怎样才能取得一致同意？无疑只有实行民主政治，从而通过代议制和多数裁定原则而间接地取得一致同意。这样，代表们所制订的行为规范可能是很多公民不同意的；但代表既然是他们自己选举的，那么，这些他们直接不同意的规范，却间接地得到了他们的同意。多数代表所确定的规范，可能是少数代表不同意的；但他们既然同意少数服从多数的原则，那么，这些他们直接不同意的规范，也就间接地得到了他们的同意。这种直接或间接得到全社会每个成员同意的行为规范——亦即法和道德——便是所谓的"公共意志"。所以，只要实行民主政治，那么，不管一个社会有多少成员，该社会的法和道德都可以直接或间接得到每个成员的同意而成为"公共意志"；从而每个人对它的服从，也就是在服从既属于别人也属于自己的意志，因而也就是自由的。

可见，一个自由社会的任何强制，都必须符合该社会的法律和道德；该社会的所有法律和道德，都必须直接或间接得到全体成员的同意。这就是自由的法治原则，这就是衡量国家制度好坏的自由的法治标准。

如果一个社会所有的强制都符合其法律和道德，并且所有的法律和道德都是公共意志的体现，那么，该社会就是个自由的、人道的社会吗？还不够。自由的、人道的社会还需具备另一个条件，那就是：人人都必须同样地、平等地服从强制；同样地、平等地享有自由。否则，如果一些人必须服从法律，另一些人却不必服从法律；一些人能够享有自由，另一些人却不能够享有自由，那么，这种社会显然不是个自由社会。所以，人人应该平等地享有自由：在自由面前人人平等；人人应该平等地服从强制：在法律面前人人平等。这就是自由的平等原则，这就是衡量国家制度好坏的自由的平等标准。

一个社会，如果实现了自由的法治标准和平等标准，就是个自由的、人道的社会吗？为了弄清这个问题，让我们假设有这样一个社会，该社会全体成员都愿意像军人一样生活，从而一致同意制定并且完全平等地服从最严格的法律。如是，这个社会确实实现了自由的法治标准和平等标准，但它显然不是个自由的、人道的社会：它的强制的限度过大，而自由的限度过小。所以，自由、人道社会之为自由、人道社会，还含有一个要素：强制和自由的限度。

自由价值的研究表明：自由是每个人创造性潜能的实现和全社会发展进步的最为根本的必要条件。这就意味着：强制、不自由是每个人创造性潜能的实现和全社会发展进步的根本障碍。因此，长久地看，强制只能维持人类和社会的存在；而只有自由才能促进人类和社会的发展。

这就是说，在社会能够存在的前提下，社会的强制越多、自由越少，则每个人的创造性潜能的实现便越不充分；而社会的发展进步，长久地看，便越慢，因而人们也就越加不幸。反之，社会的强制越少、自由越多，则每个人的创造性潜能的实现便越充分；而社会的发展进步，长久地看，便越快，因而人们也就越加幸福。

于是，我们可以得出结论说：一个社会的强制，应该保持在这个社会的存在所必需的最低限度；一个社会的自由，应该广泛到这个社会的存在所能容许的最大限度。这就是自由的限度原则，这就是衡量国家制度好坏的自由限度之标准。

综上可知，自由的法治、平等与限度三大原则，乃是自由-人道社会的普遍原则，是衡量任何社会是不是自由社会、是不是人道社会的普遍标准：符合三者的社会便是自由的、人道的社会；只要违背其一，便不配享有自由、人道社会的美名。从这些普遍原则出发，便不难解决人类社会极其复杂的具体自由难题，从而确立更为重要的衡量国家制度好坏三大具体的自由原则：

（1）思想自由原则。言论与出版应该完全自由而不应该受到任何限制；

（2）政治自由原则。每个人都应该完全平等地共同执掌国家最高权力，从而完全平等地使国家政治按照自己的意志进行，完全平等地享有政治自由；

（3）经济自由原则。经济活动应该由市场机制自行调节，而不应由政府管制，政府的干预应仅限于确立和保障经济规则；而在这些经济规则的范围内，每个人都应该享有完全按照自己的意志进行经济活动的自由。

政治自由与经济自由公认属于人权范畴，因而这两个原则争议不大，毋庸赘言。思想自由则不然，就连美国总统克林顿来到北大讲演，也指责思想自由有巨大弊端。他拿在北大讲演的那个大讲堂作例子说，虽然这里并没有着火，但是按照思想自由原则，每个人可以高喊："着火啦！着火啦！大家快逃呀！"听众一听这喊声，自然都奋力往外逃，结果一些人被活活踩死了。那么，在这种情况下是否应该禁止那个造谣者高喊"着火"呢？换言之，这个时候是否就应该取缔思想完全自由呢？是否就应该否定言论完全自由呢？这个问题看起来十分简单，甚至不言而喻：难道还不应该禁止那个造谣者高喊"着火"吗？其实，这是一个极为复杂棘手的难题，绝非三言两语就可以说明白的。因为按照思想自由原则，我们确实不应该禁止那个造谣者高喊"着火啦！"

因为所谓思想自由，亦即获得与传达思想活动的自由；而思想获得与传达的主要途径无疑是言论与出版。所以，思想自由，主要讲来，便是言论自

克林顿总统在北京大学做讲演

由与出版自由。任何人的思想,都不可能在强制和奴役的条件下得到发展。因此,思想自由,确如无数先哲所论,是思想发展的根本条件而与其成正相关变化:一个社会的言论和出版越自由,它所能得到的真理便越多,它的科学与艺术便越繁荣兴旺,它所获得的精神财富便越先进发达;一个社会的言论和出版越不自由,它所能得到的真理便越少,它的科学与艺术便越萧条荒芜,它所创获的精神财富便越低劣落后。那么,言论和出版是否越自由越好因而应该不受任何限制呢?答案是肯定的。这不仅是因为思想的发展与自由的程度成正比,而且还因为对于言论和出版自由的任何限制都违背自由、人道社会的普遍标准。

首先,按照自由、人道国家的法治标准,一个国家的任何强制,都必须符合该国家的法律和道德,最终都必须得到全体成员的同意。这样,任何人,不论他的思想、意见多么荒谬危险,都应该被允许发表;否则,谈何全体成员的同意?所以,不管何人发表何种荒缪、危险、意见、思想,一旦加以禁止便违背了自由、人道社会的法治标准。其次,按照自由、人道国家的平等标准,人人应该平等地享有自由,平等地服从强制。因此,在思想自由面前便应该人人平等。于是,任何人,不论他的地位多么低、思想多么荒谬危险,便都应该允许他自由发表;否则,便意味着只允许一些人享有思想自由,便违背了自由人道国家的平等标准。最后,按照自由、人道国家的自由限度标准,一个国家的强制,应该保持在这个国家的存在所必需的最低限度。能够危及国家存在的显然只有行动;而任何思想,不论多么荒谬危险,绝不会危及国家存在。所以,科恩说:"在民主国家中可以随心所欲地说和写,但不能随心所欲地做。"[①]只有行动的自由才应该有所限制,而思想自由则不应该有任何限制;否则,便违背了自由人道国家的自由限度标准。

可见,每个社会成员都应该享有获得与传达任何思想的自由。或者说,每个社会成员获得与传达任何思想都不应该被禁止。说到底,言论与出版应该完全自由而不应该受到任何限制;否则便不是真正的思想自由,便不是个

[①]科恩:《论民主》,商务印书馆1988年版,第149页。

真正自由、真正人道的国家。这就是思想自由原则,这就是衡量国家制度和国家治理好坏的思想自由价值标准,这就是国家治理和国家制度是否自由和人道的思想自由标准。

不言而喻,思想自由原则不如政治自由原则重要,也不如经济自由原则基本。但是,正如穆勒所言:"人类一切福利都有赖于精神福利。"① 思想自由乃是一个国家的科学、艺术和文化的繁荣兴盛的根本条件,是一个国家的精神财富得以发展的根本条件,因而也就是一个国家的物质财富得以增进的根本条件,说到底,也就是国家的一切进步的最根本的条件。这样,思想自由原则便远远高于经济自由和政治自由原则:思想自由是自由的最高原则,是国家治理和国家制度是否自由和人道的最高价值标准。所以,波普说:"思想自由和讨论自由是自由主义的最高价值。"伯里说:"思想自由原则是社会进步的最高条件。"② 密尔顿也这样写道:"让我有自由来认识、发抒己见,并根据良心作自由的讨论,这才是一切自由中最重要的自由。"③

诚然,言论与出版完全自由往往会产生一些有害后果,如种种谬论流传而引人误入歧途。反对言论与出版完全自由的理由,说来说去,亦莫过于此:禁止错误思想。然而,这个理由,正如无数先哲所论,是不能成立的:一方面,禁者未必正确,被禁者未必错误,我们今天禁止的所谓错误,往往便是明天的真理;另一方面,就算被禁者是错误,也不应禁止,因为真理只有在同错误的斗争中才能发展起来,没有这种斗争,真理便会丧失生命力而成为僵死的教条。

因此,如果因言论和出版完全自由的危害而限制其自由,那么,这种限制所带来的危害,便远远大于言论与出版完全自由所带来的危害。所以,托克维尔说:"为了能够享用出版自由提供的莫大好处,必须忍受它所造成的

---

① Robert Maynard Hutchins, *Great Books of The Western World*, Volume.43."On Liberty", by John Stuart Mill, *Encyclop Aedia Britannica*,Inc;1980,p.292.
② J.B.伯里:《思想自由史》,吉林人民出版社1999年版,第129页。
③ 密尔顿:《论出版自由》,商务印书馆1996年版,第44页。
④ 托克维尔:《论美国的民主》下卷,商务印书馆1996年版,第203—207页。

不可避免的痛苦。"④诚哉斯言!思想完全自由的危害与其所带来的巨大利益相比又算得了什么呢?难道人类不得不以小害而求大利的行为还少见吗?

那么,是否有不通过限制言论和出版完全自由的方法来防止其危害呢?有的。一种方法是提高听众和读者的鉴别力,这显然只有通过思想完全自由才能做到。所以,思想完全自由的有害后果,通过思想自由本身便可逐渐防止。另一种方法是追究言论者和出版者的责任:每个人都必须对自己的言论和出版的有害后果承担责任。对自己的言论和出版的危害性后果承担责任的恐惧,无疑既能有效防止自己言论和出版的危害性,同时又没有限制言论和出版的完全自由。

就拿克林顿总统讲的那种情况来说,在座无虚席的大讲堂,虽然没有着火,但有人高喊"着火啦",应不应该禁止他喊呢?不应该。因为禁止他高喊就违背了言论自由原则。让他喊,随他的便,他愿意怎么喊就怎么喊。但是,他高喊着火,导致现场发生骚乱,有人被踩死,他就触犯了法律,就要把他送上法庭,判他死刑!他还敢喊吗?

4. 民主:社会主义核心价值

公正、平等、人道和自由看似任意排列,实为一有机整体:公正——特别是平等——诸原则是国家制度好坏的根本价值标准;人道——主要是自由——诸原则是国家制度好坏的最高价值标准。那么,这是否是衡量国家制度好坏全部价值标准吗?否!因为道德与法律、政治、国家最终目的显然一样,都是为了增进每个人利益;因而衡量道德、法律、政治和国家好坏的终极价值标准一样,都是增减每个人利益总量:"增减每个人利益总量"是国家制度好坏的终极价值标准。

当我们运用这些国家制度价值标准衡量全部国家制度时,将发现唯有民主制符合国家制度最高价值标准"人道与自由"和根本价值标准"公正与平等"以及终极价值标准"增进每个人利益总量";而专制等非民主制都程度不同地违背这些价值标准：专制极端违背、有限君主制次之、寡头共和又次之。因此，不论民主制有多少弊端，只有民主制才是唯一具有正价值的、应该的、优良的、好的、善的和正确的国家制度；不论专制等非民主制有多少优越，也都程度不同地是恶劣的、不应该的、负价值的、坏的、恶的和错误的国家制度。因此，像丘吉尔那样，说民主制是"最不坏"的国家制度，显然不正确；① 但像密尔那样，说民主制是"最好"的国家制度也不确切。② 确切地说，民主制乃是"唯一好"的国家制度，只有民主制才是好的国家制度，而任何非民主制都是坏的国家制度：寡头共和是坏的，有限君主制更坏，专制最坏。这就是为什么民主是社会主义核心价值的缘故。

然而，遗憾的是，国家制度价值标准及其思想体系——自由主义与自我实现的人道主义与自由主义以及平等主义——和民主制度，无疑是西方文化传统；相反地，正如严复叹曰，中国诸子百家无不深畏和否定自由原则："夫自由一言，真中国历古圣贤之所深畏，而从未尝立以为教者也！"不但此也！儒家墨家法家和道家，真正讲来，亦否定平等原则，因而说到底，亦否定公正与人道，更谈不到有什么民主思想了。

因为中国自大禹开创家天下的专制制度以来，直至清朝末年，不但一直是家天下的（亦即像家长那样全权垄断的）专制制度，而且几乎所有思想家——儒家墨家法家和道家等等——竟然无不是专制主义论者，无不认为一个人独掌国家最高权力是应该的：专制主义就是认为一个人独掌国家最高权力的政体是应该的理论。中国专制主义的最重要的代表，当然是儒家。儒家专制主义理论可以归结和推演于孔子回答齐景公的那句千古名言："君君臣臣，父父子子。"

这就是说，君应该像君那样作为。可是，君究竟怎样作为才像君呢？首先就应该自己一个人掌握国家最高权力：君主之为君主就在于一个人掌握国家最高权力。因此，孔子一再说天子应该不受诸侯、大夫、陪臣、庶人限制

---

① 刘军宁编：《民主二十讲》，中国青年出版社2008年版，第147页。
② John Stuart Mill, "On Liberty, Representative government, Utilitarianism". *Encyclopaedia Britannica*, Inc., Chicago, 1952, p.344.

地独掌国家最高权力："天下有道，则礼乐征伐自天子出；天下无道，则礼乐征伐自诸侯出……天下有道，则政不在大夫，天下有道，则庶人不议。"①因此，孔子的"君君"，说到底，就是君主应该独掌国家最高权力，就是君主应该专制，亦即君主专制是应该的：孔子的"君君臣臣，父父子子"是一种关于国家制度价值标准的专制主义理论。所以，李大钊说："孔子为历代帝王专制之护符……其说确足以代表专制社会之道德，亦确足以为专制君主所利用资以为护符也。"②

专制是一个人独掌国家最高权力的政体；专制主义是认为一个人独掌国家最高权力的政体是应该的理论。因此，专制和专制主义意味着：国家只有一个主人、主公，亦即专制者自己；而所有人都是奴才、奴仆、牛羊、牲畜。所以，S.E.芬纳说："专制是一种统治者与被统治者的关系是主奴关系的统治形式。"③马克思说："专制制度的唯一原则就是轻视人类，使人不成其为人。"④因此，说到底，专制和专制主义极端违背公正与人道原则。这就是为什么，我们说儒家、墨家、法家、道家违背和否定平等与自由以及公正与人道的缘故。这就是为什么鲁迅说："中国的文化，都是侍奉主子的文化，是用很多人的痛苦换来的。无论中国人、外国人，凡是称赞中国文化的，都是以主子自居的一部分。"⑤

诚然，儒家倡导"君以民为本""民贵君轻""立君为民"和"得民为君"，可以称之为民本主义的专制主义，属于开明专制主义范畴。民本主义的开明专制主义虽然远远优良于法家霸道的专制主义，却同样主张应该由天子一人独掌国家最高权力，而剥夺其他所有人原本应该完全平等地共同掌握国家最高权力的权利以及各种平等、自由与人权等权利；因而同样主张只有天子一人是主人、主公，而所有人都是奴才、牛羊、猪狗和牲畜，使所有人

---

① 《论语·季氏》。
② 李大钊：《李大钊文集》上，人民出版社1984年版，第264页。
③ 戴维·米勒等编：《布莱克维尔政治学百科全书》，中国政法大学出版社1992年版，第194页。
④ 《马克思恩格斯全集》第一卷，人民出版社1956年版，第411、414页。
⑤ 《鲁迅选集》人民文学出版社1952年版，第666页。

"猪们"一听到养猪场场长主张"爱猪"和"以猪为本",便感激涕零。

都生活于一个遭受全面奴役的极端不平等不公正不自由无人权和非人道的等级社会而不成其为人。因此,儒家民本主义的专制主义与法家霸道的野蛮的专制主义的区别不过在于,霸道的野蛮的专制主义不知爱惜奴才、牛羊和牲畜,却任意凌辱和虐待奴才、牛羊和牲畜,因而逼迫奴才、牛羊和牲畜反叛;而民本主义的开明专制主义则知道爱惜和善待奴才、牛羊、牲畜,哄骗奴才、牛羊和牲畜不思反叛罢了。这就是王道的、仁慈的、开明的专制者和专制主义论者所谓"爱民"和"以民为本"之真谛。

毋庸讳言,专制者和专制主义论者的"爱民"和"以民为本"可能是真诚的。但是,这种真诚,恰似养猪场场长主张"爱猪"和"以猪为本"的真诚。问题的关键,并不在于养猪场场长主张"爱猪"和"以猪为本"如何真诚;而在于"猪们"一听到养猪场场长主张"爱猪"和"以猪为本",便感激涕零,奔走呼告:"场长说啦,他要以我们为本呢,猪们要当家作主啦!"可悲与这些猪们何其相似,儒家民本的开明专制主义理论,竟然被一些学者当做民主理论;而且,这种等同,近百年来,反复出现,愈演愈烈。

这种等同无疑是错误的。因为儒家民本理论明明白白并不否定君主，并不认为君主不应该存在；恰恰相反，它完全以承认和肯定君主为前提，它完完全全肯定君主应该存在。它只是否定霸道的、邪恶的、不道德的君主，只是认为不应该存在霸道的、邪恶的、不道德的君主；而完全肯定王道的、道德的、仁爱的君主，认为应该存在王道的、道德的、仁爱的君主，亦即主张君主应该遵守治理民众的道德，亦即遵守所谓"民本"道德：民本论是一种关于君主应该如何治国的理论。既然如此，它岂不明明白白是一种开明专制主义？它怎么可能是民主理论呢？难道还有什么认为君主应该存在的民主理论吗？断言儒家民本论是民主论岂不如同肯定存在"圆的方"和"木的铁"？

思考题

1. 哈耶克说："自由民族，就其本义来说，未必是一个由自由人构成的民族；而个人自由也并不必须享有这种集体自由。"（Friedrich A.Hayek, *The Constitution of Liberty*. The University of Chicago Press, 1978, p.13.）"因为对民族自由的追求并不总是增进个人自由：它有时会使人们宁可选择一个自己民族的专制君主，而不要异族多数构成的自由政府。"（Friedrich A.Hayek, *The Constitution of Liberty*. The University of Chicago Press, 1978, p.15.）这种观点能成立吗？

2. 伯林说，在不自由社会里，并不乏才华横溢之士："如果这一点是事实，那么穆勒认为人的创造能力的发展是以自由为必要条件的观点，就站不住脚了。"（Isaiah Berlin, *Four Essay on Liberty*. Oxford University Press, 1969, p.130.）究竟是谁——穆勒还是伯林——的观点站不住脚？

3. 贡斯当在那篇鼎鼎有名的《古代人的自由与现代人的自由之比较》的论文中，对于所谓古代人的自由曾有这样的记载："社会权威机构干预那些在我们看来最为有益的领域，阻碍个人意志。在斯巴达，特藩德鲁斯不能在他的气弦琴上加一根弦，以免冒犯五人长官团的长官。而且。公共权威还干预大多数家庭的内部关系。年轻的斯巴达人不能自由地看望他的新娘。在罗马，监察官密切监视着家庭生活。法律规制习俗，由于习俗涉及所有事物，因此，几乎没有哪一个领域不受法律的规制。因此，在古代人那里，个人在公共事务中几乎永远是主权者，但在所有私人关系中却是奴隶。作为公民，他可以决定战争与和平；作为个人，他的所有行动都受到限制、监视与压制；作为集体组织的成员，他可以对执政官或上司进行审问、解职、谴责、剥夺财产、流放或处以死刑；作为集体组织的臣民，他也可能被自己所属的整体的专断意志剥夺身份、剥夺特权、放逐乃至处死。"（贡斯当：《古代人的自由与现代人的自由》，商务印书馆1999年版，第27页。）这就是任意侵犯个人的自由和权利的民主暴政吗？试问，如果只能二者择一，你宁愿选择民主暴政还是仁慈专制？波普宁愿选择前者："即使民主国家采取了坏的政策，也比屈从哪怕是明智的或仁慈的专制统治更为可取。"（波普：《开放社会及其敌人》，山西高校联合出版社1992年版，第132页。）这是一个真正热爱自由的人的选择吗？

4. 鲁迅说："中国的文化，都是侍奉主子的文化，是用很多人的痛苦换来的。无论中国人、外国人，凡是称赞中国文化的，都是以主子自居的一部分。"[①]此言当否？

参考文献

阿克顿：《自由与权力》，商务印书馆2001年版。
王海明：《公正与人道》，商务印书馆2010年版。
Isaiah Berlin, *Four Essay on Liberty*. Oxford University Press, Oxford, New York, 1969.

[①] 《鲁迅选集》，人民文学出版社1952年版，第666页。

第七章
幸福：善待自己的普遍原则

　　幸福，直接说来，是人生重大的快乐；根本讲来，是人生重大需要、欲望和目的得到实现的心理体验，说到底，是达到生存和发展的某种完满的心理体验。欲望、天资、努力、机遇和美德是幸福实现的充足且必要的五大要素。欲望是幸福实现的动力要素和负相关要素：欲望越大，幸福便越难实现；天资、努力、机遇、美德是幸福实现的非动力要素和正相关要素：天资越高、努力越大、机遇越好、品德越优，幸福便越易实现；欲望要素与天资、努力、机遇、美德四要素一致，幸福便会完美实现。

1. 幸福是什么：快乐还是自我实现

　　围绕幸福概念，从古到今一直争论不休。这些争论可以归结为两派：以穆勒、休谟、霍布斯为主要代表的"快乐论"与以亚里士多德、柏拉图、阿奎那为主要代表的"完全论"。快乐论认为幸福亦即快乐、不幸亦即痛苦：

"幸福是指快乐与痛苦的免除；不幸福则是指痛苦和快乐的丧失。"[1] 完全论则认为幸福就是自我实现，就是自我潜能之实现，就是自我的创造性的、优越的潜能之实现："幸福是灵魂的某种合乎完满德性的实现活动。"[2]

不难看出，二者都是错误的：快乐论定义过宽；完全论定义过窄。因为苦乐据其对于人生的意义，可以分为两种。一种是不重要的苦乐，如某次饥饿之苦和某次佳肴之乐。这种苦乐显然仅仅是苦乐而不是不幸与幸福。谁能说遭受一次饥饿便是不幸而享有一次佳肴便是幸福呢？反之，另一种则是重大的苦乐，如经常遭受饥饿之苦和经常享有佳肴之乐。这种苦乐便是不幸与幸福了：经常享有佳肴之乐是享受物质幸福，经常遭受饥饿之苦是遭受物质不幸。所以，幸福与快乐、不幸与痛苦之区别，首先在于它们是否具有对当事者一生的重要性。这种重要性，具体讲来，一方面表现为长短：幸福是持续的、恒久的快乐；另一方面则表现为大小：幸福是巨大的快乐。合而言之，幸福是人生重大的快乐，是长久或巨大的快乐；不幸是人生重大的痛苦，是长久或巨大的痛苦。

幸福与快乐的区别，说到底，在于生存与发展完满与否。幸福是重大的人生快乐，是必定有利生存与发展的快乐。所以，幸福意味着生存与发展之某种完满。反之，快乐则不然。因为一方面，反常的病态的快乐恰恰意味着生存与发展之某种缺陷；另一方面，短暂的、渺小的、不重要的快乐虽然有利生存与发展，却达不到生存与发展之完满。谁能说美餐一次之快乐便达到了生存与发展之完满呢？所以，幸福，简单地说，它是人生重大的快乐；一般地说，它是人生理想实现的心理体验；精确地说，它是对一生具有重要意义的需要、欲望、目的得到实现的心理体验，是获得了对于一生具有重大意义的利益的信号和代表：它意味着机体获得了所需要和欲望的重大对象，满足了重大的需要和欲望，从而能够完满地生存和发展。

因此，比如说，一个人收阅大学录取通知书所体验到的快乐和他名落孙山时的痛苦，便是一种幸福和不幸。因为这种苦乐对于他的生存发展之完满

---
[1] Robert Maynard Hutchins, *Great Books of The Western World*, Volume.43."UTILITARIANISM", by John Stuart Mill, Encyclop Aedia Britannica, Inc., 1980, p.448.
[2] 苗力田主编：《古希腊哲学》，中国人民大学出版社1989年版，第570页。

与否，具有意义。所以，这种苦乐便不仅仅是苦乐，而且是幸福和不幸。因为金榜题名的快乐和落榜的痛苦对于他的人生具有重大意义，对于他的生存发展之完满与否具有意义：金榜题名给他的生存和发展提供了一个重要舞台，是他的生存和发展的某种完满；名落孙山则使他的生存和发展失去了一个重要舞台，是他的生存和发展之某种不完满。我们常说家庭幸福、婚姻幸福。我们常常羡慕某人，说他找到了一个好妻子，得到了幸福。但是，我们却不会因为一个人找到了几个好朋友，或职务和薪水之升迁，而说他得到了幸福。这岂不就是因为妻子、爱情、婚姻、家庭对于人生意义重大，关涉生存和发展完满与否？反之，几个好朋友或职务薪水的升迁对于人生意义不够重大，也并不怎样关涉生存和发展完满与否。

可见，幸福是个深刻而复杂的多元概念：幸福，直接说来，是人生重大的快乐；根本讲来，则是人生重大需要和欲望得到满足的心理体验，是人生重大目的得到实现的心理体验，说到底，是达到生存和发展的某种完满的心理体验。反之，不幸，直接说来，是人生重大的痛苦；根本讲来，则是人生重大需要和欲望得不到满足的心理体验，是人生重大目的得不到实现的心理体验，说到底，是生存和发展受到严重损害的心理体验。

幸福虽然纷纭复杂，却无非物质性幸福、社会性幸福与精神性幸福三大类型。物质性幸福即物质生活幸福，是物质需要、欲望、目的得到实现的幸福，也就是生理需要、肉体欲望得到满足的幸福，主要是食欲和性欲得到满足的幸福；其最高表现，显然是生活富裕和躯体健康。社会性幸福即社会生活的幸福，是人的社会性需要、欲望、目的得到实现的幸福，也就是人的人际关系方面的需要、欲望、目的得到实现的幸福，主要包括自由需要得到满足的幸福、归属和爱的需要得到满足的幸福、权力和自尊的需要得到满足的幸福。社会幸福的最高表现，恐怕是达官显贵和爱情美满。精神性幸福即精神生活的幸福，是人的精神方面的需要、欲望、目的得到实现的幸福，主要包括认知需要得到满足的幸福和审美需要得到满足的幸福。精神性幸福的最高表现无疑是自我实现、自我创造潜能之实现，特别是精神领域的创造潜能之实现，亦即所谓"立言"：成一家之言。

无论是精神性幸福还是社会性幸福抑或物质性幸福，都既可能有创造性也可能没有创造性。于是，依据创造性之有无，幸福又可以分为创造性幸福与非创造性幸福两类。所谓创造性幸福，也就是具有创造性的生活的幸福，是有所创造的生活的幸福，是做出了创造性成就的幸福，说到底，也就是自我实现的幸福。反之，非创造性幸福则是不具有创造性的生活的幸福，是无所创造的生活的幸福，是未能做出创造性成就的生活之幸福，说到底，也就是非自我实现的幸福。举例说：

一个人潜心著书十年，终得一原创性著作问世。他得到的这种幸福便是创造性幸福、自我实现的幸福。反之，他若没有著书欲，不事著述，却有幸一生悠游瑕瑜读书以自娱，则他的这种幸福，便是非创造或消费性幸福、非自我实现的幸福。毕加索绘画成名之幸福、托儿斯泰的《战争与和平》问世之幸福、牛顿发现万有引力定律之幸福等等都是创造性幸福、自我实现的幸福。反之，那些平庸的追赶时髦而大获成功轰动一时的学者、画家、小说家、科学家之幸福，则是非创造性幸福，是消费性幸福、非自我实现的幸福。

消费性幸福随着消费而逝，不可留存；创造性幸福则是不朽的。这种不朽主要表现为三大方面，那就是我国古人所说的三不朽：立言、立德、立功。立言是学问方面的创造性幸福，如成为艺术家、科学家、哲学家、思想家等等的幸福，属于创造性精神幸福。立功是事业方面的创造性幸福，如成为政治家、军事家、企业家、能工巧匠等等的幸福，这种幸福或属创造性社会幸福、或属创造性物质幸福、或兼而有之。立德是品德方面的创造性幸福，如品德完善、成圣成贤的幸福，这种幸福，属于创造性社会幸福。

这三种幸福无疑是人生最大的幸福，一个人一生只要获得其一，便算得上是成功的人生了。所以，冯友兰把这三种幸福合起来而称之为人生之成功："成功的种数不外有三：一、学问方面：有所发明与创作，如大文学家、大艺术家、大科学家等。二、事业方面：如大政治家、大军事家、大事业家等等。三、道德方面：在道德上成为完人，如古之所谓圣贤。以上列举的三方面，以从前的话来讲，也就是立言、立德、立功三不朽。学问方面的

中国古人心目中的三不朽典型形象：曹雪芹、韩信、颜回

成功是立言，事业的成功是立功，道德方面的成功是立德。除三种之外，也就没有其他的成功了。"①

2. 幸福价值：快乐中枢的发现

快乐是善和幸福是至善：快乐中枢的发现印证了这一真理。20世纪50年代，奥尔兹发现动物的丘脑下部和某些中脑核区是"快乐中枢"。他在老鼠的脑的这些部位埋入电极，电极与老鼠笼中的一个杠杆接通。每当老鼠用爪子按下杠杆，鼠脑的那个部位便会受到电刺激，便会产生快乐的心理体验。结果饥饿的老鼠常常置适口的食物于不顾，而跑向杠杆、按压杠杆以换取自我刺激的快乐。它会不停地按压杠杆，一小时竟达二千次，连续达二十四小时！②

这一发现表明，追求快乐本身不仅是人和动物的一种需要、欲望和目的，而且是极为强烈和优先的需要、欲望和目的；因为它有时甚至比食欲——食欲无疑是人和动物最强烈最优先的欲望——还强烈、优先！追求快

---

①冯友兰：《三松堂文集》，北京大学出版社1984年版，第627页。
②汤普森主编：《生理心理学》，科学出版社1981年版，第336～337页。

乐既然是人和动物的极为强烈优先的需要、欲望和目的，那么显然，一方面，一切快乐也就因其能够满足人的这种追求快乐的需要、欲望和目的而都是善；另一方面，一切痛苦也就皆因其能够阻碍人的这种追求快乐的需要、欲望和目的而都是恶。然而，人们往往认为，快乐并不都是善、痛苦也并不都是恶。因为一方面，有些快乐，如吸毒的快乐、赌博的快乐、抽烟喝酒的快乐等等，并不是善，而是恶；另一方面，有些痛苦，如卧薪尝胆、刻苦读书等等，并不是恶，而是善。

确实，吸毒的快乐、赌博的快乐、烟酒的快乐都是恶。但是，我们根据什么说这些快乐是恶？显然是因为这些快乐并不是纯粹的快乐，而是快乐与痛苦的混合物：就其自身来说，是飘飘然的、万虑顿除的、销魂荡魄的快乐；就其结果来说，则是倾家荡产、损害健康、奔向死亡等等的痛苦；并且痛苦远远大于快乐，其净余额是痛苦。所以，吸毒、赌博、抽烟喝酒等快乐是恶，并非因其快乐，而是因其痛苦的结果，因其净余额是痛苦。如果这些快乐没有这些痛苦的结果，那么，这些快乐便决不是恶的，而是善的：如果没有倾家荡产、损害健康、奔向死亡等痛苦的后果，谁会说吸毒、赌博、抽烟喝酒的飘飘然的、万虑顿除的、销魂荡魄的快乐是恶呢？所以，有些快乐是恶，并没有否定一切快乐皆是善。

确实，卧薪尝胆、刻苦读书等等确实都是善。但是，我们根据什么说这些痛苦是善？显然是因为这些痛苦并不是纯粹的痛苦，而是痛苦与快乐的混合物：就其自身来说，是卧薪尝胆之痛苦，是寒窗苦读之苦；就其结果来说，则是光复祖国和君位之快乐，是功成名就之快乐；并且快乐远远大于痛苦，其净余额是快乐。所以，卧薪尝胆、刻苦读书等等是善，并非因其痛苦，而是因其快乐的结果，因其净余额是快乐。如果这些痛苦没有这些快乐的结果，那么，这些痛苦便绝不是善的，而是恶的：如果没有光复祖国和君位以及功成名就之快乐的后果，谁会说卧薪尝胆、寒窗苦读是善呢？所以，有些痛苦是善，并没有否定一切痛苦皆是恶。

可见，一切快乐都是善而一切痛苦皆是恶。一切快乐都是善，但是，有些快乐是手段善；有些快乐是目的善：前者如冬泳之乐；后者如健康之乐。

因为冬泳是手段，健康是目的。除了幸福，目的善的快乐与手段善的快乐之分都是相对的。只有幸福是绝对的目的善的快乐，因为幸福只能是人们所追求的目的，而不可能是用来达到任何目的的手段。试想，一个人为什么刻苦读书？如果他说他刻苦读书是为了求得幸福，那么，我们就不能再进一步问他追求幸福又是为了什么。比如说，他追求幸福是为了当官？为了爱情？为了光宗耀祖？显然这些都是胡说八道。但是，如果他说他刻苦读书就是为了读书，因为他酷爱读书，所以，他是为读书而读书，读书就是目的：他所体验的读书之乐，是一种内在善、目的善的快乐。那么，我们显然可以进一步追问，他最初读书是为了什么？难道他一开始就是为读书而读书吗？我们更可以追问：他在任何时间读任何书都是为读书而读书吗？显然，他一开始不会是为读书而读书，他也不可能在任何时候读任何书都是为读书而读书。他总有一些时候，把读书作为达到其他目的的手段，如作为当官的手段：学而优则仕。这时，他读书之乐便是一种外在善、手段善的快乐，而他当官时所体验到的快乐则是一种内在善、目的善的快乐。然而，当官又可以使相貌丑陋的他实现洞房花烛的愿望而成为他求得美貌妻子的手段。所以，他当官之乐又可以是一种外在善、手段善的快乐，而他洞房花烛时所体验到的快乐则是一种内在善、目的善的快乐。如此追问下去，我们可以一直追问到并且也只能追问到"为了幸福"。因为追求幸福不能是为了任何东西，幸福是绝对

快乐中枢的发现：老鼠不停地按压杠杆！

的目的善，是终极的、最高的善，是至善：至善乃是幸福的本性。幸福是至善，是否意味着不幸是至恶？答案显然是肯定的。因为除了不幸，任何痛苦都可以且应该是避免其他更大痛苦的手段；唯有不幸不可以且不应该当作避免其他任何痛苦的手段，因为没有比不幸更坏的恶：不幸是至恶。

这样，一方面，当各种快乐不发生冲突时，我们便应该追求一切快乐。因为在这种情况下，对于任何快乐的追求，也就都是对于快乐的增进和积累，也就都是在使快乐由少变多、由小变大、由短暂变恒久，因而也就都是对于幸福的接近和追求。当痛苦并不能避免更大的痛苦或带来更大的快乐时，我们便应该避免一切痛苦。因为在这种情况下，对于任何痛苦的避免，也就都是对于痛苦的减少，也就都是在使痛苦由多变少、由大变小，因而也就都是对于不幸的避免。另一方面，当各种快乐发生冲突时，便应该追求目的善的快乐，而牺牲手段善的快乐；最终则应该追求绝对的目的善、至善的快乐，亦即应该追求幸福，而牺牲违背幸福的快乐。当各种痛苦不可能都避免时，便应该避免不幸，而承受可以避免不幸的痛苦。于是，说到底，幸福便是追求快乐和避免痛苦的终极标准：符合幸福的快乐和痛苦，就是应该追求的快乐，就是不应该避免的痛苦；违背幸福的快乐和痛苦，就是不应该追求的快乐，就是应该避免的痛苦。

3. 幸福抉择：做一个痛苦的苏格拉底还是快乐的猪？

我们应该追求幸福：幸福是追求快乐和避免痛苦的终极标准。可是，当各种幸福发生冲突怎么办？我开始研究这个问题是1984年，那时我正在中国人民大学哲学系读研究生。有一天，我读穆勒的《功用主义》，不禁拍案叫绝。因为穆勒将不同等级幸福的价值大小概括为一个绝妙的选择：宁作一个得不到满足的苏格拉底，而不作一个得到满足的猪。[①]我立刻问我的同学：你

[①] John Stuart Mill, "On Liberty, Representative government, Utilitarianism". *Encyclopaedia Britannica*, Inc.,Chicago, 1952, p. 344.

愿意做一个快乐的傻瓜还是痛苦的苏格拉底？郭安（后来他是我们十八名同学中的第一位教授）大笑不已，答道："我要做快乐的猪！"何包钢（现为澳大利亚迪肯大学教授）沉思了好一会儿，一本正经地说："我愿意做痛苦的苏格拉底。"李燕（现为中国人民大学教授）见状微微一笑，不无得意地说："我要做快乐的苏格拉底。"我当即宣告：郭安错误，何包钢正确，李燕所答非所问。然而，后来的研究告诉我：郭安的回答虽然与穆勒相反，却并不全错；何包钢的回答虽然与穆勒一致，也并不全对。

原来，穆勒研究各种幸福因性质不同而导致价值大小之规律，结论是高级快乐和幸福的价值大于低级快乐和幸福的价值："做一个得不到满足的人比做一个得到满足的猪好；做一个得不到满足的苏格拉底比做一个得到满足的傻瓜好。"[①]为什么得不到满足的人比得到满足的猪好？因为得不到满足的人可能享有精神幸福，而得到满足的猪却只能享有物质幸福：精神幸福的价值大于物质幸福的价值。为什么得不到满足的苏格拉底比得到满足的傻子好？因为得不到满足的苏格拉底只是没有物质幸福，却享有精神幸福；而得到满足的傻子却只有物质幸福而不可能享有精神幸福：精神幸福的价值大于物质幸福的价值。更确切些说，穆勒的论证可以归结为这样一个问题：如果一个人可以随意选择，那么，他应该做一个享有物质幸福的傻瓜呢，还是做一个没有物质幸福的思想家？他应该选择后者。因为傻瓜虽有物质幸福而无精神幸福；思想家虽无物质幸福却有精神幸福：精神幸福的价值大于物质幸福的价值、高级快乐和幸福的价值大于低级快乐和幸福的价值。

马斯洛通过对高级需要和低级需要的研究，也得出了同样结论："那些两种需要都满足过的人，通常认为高级需要的满足比低级需要的满足具有更大的价值。他们愿为高级需要的满足而牺牲更多的东西，而且更容易忍受被剥夺低级需要的满足。举例说，他们将比较容易过一种苦行者的生活或为了原则而甘当风险、为了自我实现而放弃钱财和名望。两种需要都熟悉的人普遍地认为自尊是比填满肚子更高、更有价值的主观体验。"[②]这就是说，高级

[①] Robert Maynard Hutchins, *Great Books of The Western World*, Volume.43."Utilitarianism",by John Stuart Mill, *Encyclop Aedia Britannica*,Inc.,1980,p.4449.
[②] Abraham H.Maslow, *Motivation And Personality*, second edition. Harper & Row, Publishers,New York, 1970, p. 98.

幸福比低级幸福具有更大的价值：精神幸福的价值大于社会幸福的价值、社会幸福的价值大于物质幸福的价值。

马斯洛和穆勒所言甚是。然而，对于一个衣食无着、难以生存的人，我们能说自尊需要比填饱肚子的需要具有更大的价值吗？精神需要是最高级的需要。然而，它的满足果真对于一切人都具有最大价值吗？对于一个目不识丁、养家糊口的穷困农民来说，物质幸福的价值岂不远远大于精神幸福的价值吗？那么，究竟是什么地方出了毛病？

原来，快乐和幸福，就其客观内容来说，亦即需要之满足。因此，各种快乐和幸福的价值，也就是各种需要之满足的价值。需要是事物因其存在和发展而对某种东西的依赖性，是人因其生存和发展而对某种东西的依赖性。所以，各种快乐和幸福的价值，说到底，也就是各种需要之满足对于人的生存和发展的价值。这是我们考察各种快乐和幸福因性质不同而有价值大小的出发点。从此出发，可以看出，任何一种需要的满足，对于生存的价值和对于发展的价值都是不一样的：需要越低级，它的满足对于每个人的生存的价值便越大，对于每个人的发展的价值便越小；需要越高级，它的满足对于每个人的生存的价值便越小，对于每个人的发展的价值便越大。

物质需要、生理需要，如食欲和性欲，是最低级的。它们的满足对于生存的价值无疑是最大的：只有食欲满足，一个人才能生存；只有性欲满足，他才能够繁衍后代，继续生存。但是，食欲和性欲之满足，对于一个人的发展的价值却是最小的：如果他仅仅有食欲和性欲的满足，那么，他便与猪狗无异，谈何发展？反之，自我实现、实现自己创造潜能的需要是最高级的。它的满足对于一个人的生存的价值是最小的。因为无论是否自我实现，他都一样能够生存。马斯洛也看到了这一点，他说："需要越高级，对于纯粹的生存就越不重要。"[1]但是，需要越高级，它的满足对于发展的价值却越大：自我实现需要的满足对于一个人的发展的价值是最大的。因为自我实现是一个人的创造潜能之实现；而创造潜能之实现岂不是一个人的最大发展，岂不是发展的最高境界？

---

[1] Abraham H. Maslow, *Motivation And Personality*, second edition. Harper & Row, Publishers, New York, 1970, p.98.

消费性需要是低级需要而创造性需要是高级需要。对于一个人的生存来说，消费性需要的满足显然比创造性需要的满足的价值大。因为一个人的创造性需要满足与否，他都一样生存；但是，如果他的消费性需要得不到满足，他便不可能生存了。反之，对于一个人的发展来说，创造性需要的满足比消费性需要的满足的价值大。因为如果一个人只是消费而并不创造，那么，他便只是存在而并无发展：人的发展主要在于创造性需要的满足。

精神需要高于社会性需要、社会性需要高于物质需要。所以，对于一个人的生存来说，物质需要——如食色——的满足的价值最大；社会性需要——如名誉、地位、权力——的满足次之；精神需要——如好奇心、审美需要、自我实现需要——的满足的价值最小。反之，对于一个人的发展来说，精神需要的满足的价值最大、社会性需要的满足的价值次之、物质需要的满足的价值最小。

可见，需要越高级，它的满足对于生存的价值便越小而对于发展的价值便越大；需要越低级，它的满足对于生存的价值便越大而对于发展的价值便越小。需要的满足是快乐和幸福的客观内容。因此，我们可以得出结论说：快乐和幸福，对于生存来说，其价值大小与其等级高低成反比；对于发展来说，其价值大小与其等级高低成正比：快乐和幸福越高级，对于生存的价值便越小而对于发展的价值便越大；快乐和幸福越低级，对于生存的价值便越大而对于发展的价值便越小。这就是幸福价值的"等级律"，这就是各种幸福因性质不同而处于不同的等级所导致的价值大小之规律。

因此，穆勒和马斯洛认为高级快乐和幸福的价值大于低级快乐和幸福价值的观点，是片面的：只有对于发展来说才是如此；而对于生存来说则恰恰相反。对于一个衣食无着、饥肠辘辘的人来说，对于一个终日奔忙、使尽浑身解数才能生存的人来说，低级的、物质的需要满足的价值无疑大于高级的、精神的需要满足的价值。因此，对于他来说，低级的、物质的快乐和幸福的价值大于高级的、精神的快乐和幸福的价值：他应该选择低级的物质的快乐和幸福，而不是相反。反之，对于一个生存已经不成问题而只有如何发展问题的人来说，高级的、精神的需要满足的价值确实大于低级的、物质的

痛苦的苏格拉底与快乐的猪

需要满足的价值。因此，对于他来说，高级的精神的快乐和幸福的价值，确实大于低级的物质的快乐和幸福的价值：他应该选择高级的、精神的快乐和幸福，而不是相反。

穆勒只见发展而不见生存，所以，他提出的选择是：做一个痛苦的苏格拉底，还是做一头快乐的猪？这是一种基于发展的选择，而不是基于生存的选择。因为痛苦的苏格拉底和快乐的猪都已经解决了生存的问题，他们所面临的只是发展的问题。因此，从这个选择来看，确实是高级的快乐和幸福的价值大：痛苦的苏格拉底的价值大于快乐的猪的价值，应该做痛苦的苏格拉底而不应该做快乐的猪。但是，这仅仅是一个基于发展的选择，因而应该补之以一个基于生存的选择：做一头活着的猪，还是做一个死了的苏格拉底？做一只活老鼠，还是做一个死皇帝？这是一个基于生存的选择而不是基于发展的选择。对于这种选择来说，无疑是低级的快乐和幸福的价值大：活老鼠的价值大于死皇帝的价值。因此，面对这种选择，应该做一只活老鼠，而不做死皇帝。因为正如道家所言，生命的价值是最大的价值：死王乐为生鼠，死皇帝不如活老鼠也！

4. 幸福实现:"才""力""命""德""欲"

二哥一辈子最大的梦想,就是写出一部能够传世的小说。我们俩是从十几岁就开始专心致志地写作了。我那个时候就搞伦理学,从那个时候一直到现在,四十多年,我就没有变。那么他呢?那个时候他搞哲学,后来他发现自己不是搞哲学的料,就改弦易辙,开始写小说。他与我一样,受《红楼梦》的影响很大,我们俩都是把能够写出像《红楼梦》那样的传世之作做为自己终生奋斗目标。从那时他一直写到现在,四十年来,小说写了好几十部,但竟然都是开了一个头就写不下去了。有一部小说的开头令我至今难忘,是这样写的:"1960年,我们家开始种园子。"我当时不禁拍手叫好!因为我和二哥开荒种园子,是我一生最富有诗情画意的生活,至今魂缠梦绕,心向往之。我连连叫好,真是好题材呀!但是,还没有写一页,他又写不下去了。我心里暗暗纳闷:他怎么就是写不成呢?后来我研究幸福的实现问题,才明白他为什么失败。

原来,幸福的实现需要五大要素:欲、才、力、命和德。幸福,说到底,就是重大欲望得到实现的心理体验;不幸就是重大欲望得不到实现的心理体验。所以,欲望是幸福和不幸的根源,是实现幸福的动力。因此,没有欲望固然没有不幸,但同样也没有幸福。没有了性欲,确实不会有爱情的不幸;但同样也没有了爱情的幸福。欲望越少越小越低,可能遭受的不幸和痛苦固然越少越小越低;但可能享有的幸福也同样越少越小越低。欲望越多越大越高,可能遭受的不幸固然越多越大越高;但可能享有的幸福也同样越多越大越高。遁入空门的人,往往是为了逃避痛苦和不幸。如果他们真能心如死灰、六欲尽净,那么,他们确实不会再有什么痛苦和不幸;但是,他们也同样不会享有什么快乐和幸福了。可能遭受巨大的痛苦和不幸的,确实是那些怀有强盛、远大欲望的人,是那些志向远大的人,是车尔尼雪夫斯基们、马克思们、布朗基们、斯宾诺莎们、苏格拉底们、孔丘们。但是,可能享有巨大的、高级的幸福的,无疑也是这些人。

可见,欲望是幸福和不幸的动力因素,它与幸福或不幸的可能成正比,与幸福的实现成反比，与不幸的降临成正比。简言之，欲望是幸福实现的负相关动力因素，是幸福可能的正相关动力因素，它与幸福的可能成正比而与幸福的实现成反比。这就是幸福实现的负相关动力律。面对这个规律，实在令人困惑。因为就幸福的可能来说，欲望似乎应该提高。所以，诸葛亮说："志当存高远。"但是，就幸福的实现来说，欲望又似乎应该降低。所以，古人云："知足长乐。"那么，欲望究竟应该高远还是低近？究竟应该高低到什么程度才恰到好处？ 这是由每个人的幸福实现的其他因素——才、力、命、德——决定的。

所谓才，也就是一个人的天资，亦即天赋的、潜在的才能，主要是天赋的创造性潜能。没有全才之人，但也没有无才之人。每个人都有才，都有某种创造性潜能。只不过，一方面，每个人的"才"的类型不一样。你看，马克思的抽象思维能力极强，无与伦比。但是，他的形象思维能力恐怕不行，因为他写的诗歌并不怎么样，他写的剧本自己也不满意，以致付之一炬。恩格斯亦然，他们写的诗歌有哪一首流传下来了？另一方面，每个人的"才"的程度不一样。凡是舞文弄墨的人，都具有写文章、写诗词或小说等等创造性潜能；但是，托尔斯泰、曹雪芹、普希金、李白的创造性潜能显然远远高于众人。但是，正如冯友兰所言，天才比庸才也高不了多少："天才的人，高过一般人之处，往往亦是很有限的。不过就是这有限的一点，关系重大。犹如身体高大的人，其高度超过一般人者，往往不过数寸。不过这数寸就可以使他'轶伦超群'。"[1]

不难看出，一个人有什么样的才，便可能实现什么样的幸福；如果他缺乏某种才，便不可能实现某种幸福：才是实现某种幸福的必要条件、必要因素。我二哥为什么努力写小说50年，却始终没有写出来呢？一直到退休的时候，他还对我讲："这回退休了，我的心终于静下来了，我能够好好地写一部书了。"但是我知道，他肯定写不了。因为他不是写小说的那块料，他没有小说家的"才"。

因此，我们要想实现幸福，首先得"量体裁衣"，要有和自己所追求的

---

[1] 冯友兰：《三松堂全集》第四卷，河南人民出版社1986年版，第666页。

幸福相应的才。然而，知道自己有什么"才"，其实是很难的。"自有天才自不知"嘛！伟人毛泽东一开始想当"肥皂制造家"，造肥皂！这东西能够富国强民！后来觉得不行，就想当警官，当兵，结果让阎锡山的部队给逮起来了，差一点没有被枪毙。他后来又想，当教师能够救国，所以他又读湖南第一师范。所以，王国维认为，一个人要想成就一番事业，大概需经过三个阶段：第一阶段就是人生道路和幸福的选择，他借用"昨夜西风凋碧树，独上高楼，望尽天涯路"的词句来表达；第二阶段是奋斗，他借用"衣带渐宽终不悔，为伊消得人憔悴"的词句来表达；第三阶段是成功，他借用"蓦然回首，那人却在，灯火阑珊处"的词句来表达。知道自己的才或天资，从而量体裁衣，确定自己的人生目标和幸福，乃是人生三阶段之一，足见其重要和艰难。这就是为什么，古希腊神庙横匾上写的就是："认识你自己！"

　　一个人如果有了"才"，具备了幸福的天资要素，是否就能实现幸福呢？那还不行，还必须有"力"。所谓"力"，就是努力。一个人没有诗才，固然不能成为诗人，但只有诗才也不能成为诗人。宋代王安石曾撰写一文《伤仲永》。仲永天赋极高，3岁就能写出好诗。但是，尔后十余年并不努力学诗、作诗，而是被其父当作摇钱树到处招摇。结果在他十七八岁再遇王安石时，所作的诗平平常常："泯然众人矣。"所以，仅仅具有诗才，并不能实现诗人之幸福。要实现成为诗人之幸福，还必须有后天的努力：力是实现幸福的另一个必要条件、必要因素。这就是为什么古今中外，凡是有大成就的人，都不但具有极高的天资，而且也都是极其努力的人。曹雪芹撰写《红楼梦》，"披阅十载，增删5次"；托尔斯泰撰写《战争与和平》，七易其稿，历时6年；达·芬奇绘画《蒙娜丽莎》整整5个春秋；达尔文构思《物种起源》二十余年始成书；马克思撰写《资本论》四十余年死而后已；哥德写作《浮士德》竟花了六十年光阴。

　　那么，为什么没有努力，即使天资极高也不会有成功和幸福？因为所谓天资或才，乃是潜在才能。才能由潜在到实在的转化，完全是由努力完成的：才能＝天资×努力。没有努力，天资再高，也仅仅是一种潜在的才能，因而实在说来，便等于零，便是一个毫无才能的人：一个毫无才能的人，当然不会获得成功和幸福。这样，一个天资较高而努力较小的人，和一个天资较低而努力较大的人，便可能获得同等的成功和幸福。因为一个天资较高而努力较小的人的才能，可能等于一个天资较低而努力较大的人的才能。比如说，天资较高而努力较小的人的天资是100%，努力是50%；反之，天资较低而努力较大的人的天资是50%、努力是100%。这样，天资较高的人的天资便因为不够努力而仅仅实现50%，才能是50；而天资较低的人的天资则因为努力而实现了100%，才能也是50。这就是勤能补拙的道理。

不过，"勤能补拙"这个道理往往被人夸大，以为"天才在于勤奋"。其实，天才属于天资或才的范畴，因而"天才的实现"在于勤奋，而"天才"并不在于勤奋，一个人有没有天才，和勤奋毫无关系。"勤奋"不但不可能创造才或天资、天才，甚至也不能够创造"才能"。因为"才能"是"才"或天资的实现，因而你有什么样的天资，就决定了你的"才能"的限度。你要是具有一流的诗人的天资，那么，经过努力你可以成为一流的诗人。你要是只有二流诗人的天资，你无论如何努力，你最多也只能够成为一个二流的诗人。所以，像贾岛那样的"推敲"、努力的人多啦，但是为什么只有这么一个李白、一个杜甫、一个白居易啊？比他们努力的人多了，可是为什么谁也比不上曹雪芹啊？这里面的道理就在于，天才不是通过勤奋能够增加一分一毫的。勤奋能够增加的只是你的才能；但是它增加你的才能是有一定的限度的，这个限度是被天资决定了的。

一个人如果既有"力"，又有"才"，是否就能获得幸福呢？还不行，还得要有"命"！所谓命，亦即命运，正如庄子所说，乃是一个人所遭遇的事变。[①]但是，一个人所遭遇的事变并不都是命。一个人在"文化大革命"中当上了红卫兵头头，是他所遭遇的一种事变，却不能说这是他的命。因为这种事变是依他自己意志而转移的，是他自己可以改变的：他可以当也可以不当红卫兵头头。但是，他遇上"文化大革命"，却是他的命。因为"文化大革命"是不依他的意志而转移的，是他所不可能改变的。可见，命、命运乃是一个人所遭遇的自己不可能改变的事变，说到底，也就是他所遭遇的自己

[①]《庄子·德充符》。

不可能改变的环境、境遇、机会、机遇。

不难看出，命或机遇是一个人取得成就和幸福的必要条件和舞台；一个人如果仅仅具有天资和努力而没有机遇，便如英雄无用武之地，不可能成就一番事业。举例说，如果一个人生长在和平年代，那么，不论他具有多么巨大的军事天赋，也不论他是如何努力奋斗，他都不可能成为一个能征善战的大将军。如果不是秦始皇早死、陈胜吴广起义，从而给群雄逐鹿提供了机遇，那么，项羽绝不可能成为西楚霸王，刘邦也绝不会成为汉高祖。如果没有法国大革命，不论罗伯斯庇尔、圣鞠斯特、丹东等等天赋多高、努力多大，他们也绝不可能会做出那样轰轰烈烈的伟大壮举。如果法国旧制度像普列汉诺夫所说的那样，再延续75年之久，那么，拿破仑也许不过是个将军，而聚集在他周围的那些军事天才可能仍然不过是一些戏子、排字匠、剃头匠、染匠、律师、小贩。所以，一个人有什么样的命运或机遇，便可能实现什么样的幸福；如果他没有某种命或机遇，便不可能实现某种幸福：机遇是幸福实现的必要条件、必要因素。

机遇之为幸福实现的必要条件，不仅在于机遇之有无或类型，而且在于同一种类型的机遇的好坏顺逆：有利天资发展、努力实施、幸福实现的机遇、环境，便是所谓的顺境、好命；不利天资发展、努力实施、幸福实现的机遇、环境，便是所谓的逆境、坏命。汉朝的冯唐的官运不好。因为文帝时，冯唐年轻，文帝却喜欢任用老成人，结果冯唐不能升官；到了武帝时，冯唐已老，但是武帝却喜欢任用年少有为之士，结果冯唐又不能升官。可见，命运的好坏顺逆对于一个人的成就和幸福的影响很大。一个人的命越坏，他的成功和幸福便难于得到实现，他便越难于取得较大的成就，便越难于实现较大的幸福；反之，一个人的命越好，他的成功和幸福便容易得到实现，他便越可能取得较大的成就，便越可能实现较大的幸福：他所能实现的幸福的难易和大小的程度，是被他的机遇的好坏顺逆的程度决定的。

不过，逆境和坏命并没有堵塞成才和幸福之路。一个人命不好而身处逆境，在一定条件下，反倒可能取得更大的成功和幸福。所谓一定条件，主要是两个：更大的努力和转移目标。一个身处逆境的人，往往不可能实现原来的目标而失败消沉、陷入不幸。但是，逆境也可能给他的其他理想的实现开辟了道路，并且赋予他一种激励和锻炼，使他更加努力奋斗，从而实现这些理想、取得也许是更加伟大的成就。冯唐官运固然不佳，然而，"文，穷而后工"。他的不佳的官运却可能使他绝望于仕途，从而潜心学问、著书立说而不朽。所以，太史公曰：文王幽而演周易，孔子退而作春秋，屈原放逐，乃赋离骚，左丘失明，厥有国语，诗三百篇大抵圣贤发愤之作也。有鉴于此，张载写道："富贵福泽，将厚吾之生也；贫贱忧戚，庸玉汝于成也。"①富贵福泽有利生存，是顺境好命；贫贱忧戚不利生存，是逆境坏命。但是，贫贱忧戚却可能激励人的斗志，使人更加努力奋斗，从而取得另一种类型的、也许是更加伟大的成就：自我潜能之实现。这就是所谓的逆境成才的道理。显然，逆境成才并没有否定顺境更容易成才之定理；因为逆境成才是以远比顺境更大的努力为前提的。

如果一个人有了"才""力"和"命"，是否就能够获得幸福和成功呢？冯友兰认为这样一个人就能够得到幸福和成功了。其实不然，一个人即使"才""力"和"命"都有了，但他如果"缺德"，那么，他还是不可能获得成功和幸福的。因为人是社会动物，每个人的一切，说到底，都是社会和他人给予的。一个人的幸福和成功，你仔细想想，都依靠社会和他人。你要是缺了德的话，你想，你还能得到幸福吗？社会和他人就会拒绝给你幸福。比如说，某位高材生，毕业了，到公司和国家机关应聘。他说他的"才""力"有多好多好，但是就是有一点，他有点"缺德"，好偷东西。那么你想啊，人家能要你吗？谁也不会要你。所以，美德是获得幸福和成功的必要条件。

诚然，在现实生活中我们却看到，有德的人却往往没有幸福，而缺德者却往往能够享有幸福。这一事实似乎证实了康德的观点：美德并非幸福的必要条件，德福并无必然联系。其实不然。因为品德并非决定一个人幸福或不幸的唯一要素，而仅仅是一个要素；除了品德，决定一个人一生幸福或不幸的还有才、力和命三要素。这样，一个人虽然缺德而大体有祸，但他天资

---

① 张载：《西铭》。

高、努力大、机遇好等等却给他远远超过因缺德所带来的祸的洪福，所以他虽缺德却一生幸福。反之，一个人虽有德而大体有福，但他天资低、努力小、机遇坏等等却给他以远远超过他的德所带来的福的大祸，所以他虽有德却一生不幸。因此，缺德者的一生幸福并非是他的缺德的结果，而是他非品德条件的结果；反之，有德者的一生不幸也不是他的德行的结果，而是他的非品德条件的结果。如果他们只有品德不同而其余条件完全一样，那么，谁缺德便一定一生不幸，谁有德便一定一生幸福。一言以蔽之曰：美德是获得幸福的最根本的必要条件。

才、力、命、德之为幸福实现四要素意味着：无论何种幸福，其实现皆需才、力、命、德四要素的配合。但幸福的类型不同，四要素的配合比例也不同。幸福的最重要的类型是所谓"三不朽"：立言、立功、立德。立言是学问方面的创造性幸福，如成为艺术家、科学家、哲学家、思想家等等的幸

司马迁写到得意处，乃以手捋胡须，忘记因受官刑胡须早已荡然无存，愤然曰：文王幽而演周易，孔子退而作春秋，屈原放逐，乃赋离骚，左丘失明，厥有国语，诗三百篇大抵圣贤发愤之作也。

福。这种幸福的实现，一般说来，天资的作用最大，努力的作用次之，品德的作用又次之，机遇的作用最小。立功是事业方面的创造性幸福，如成为政治家、军事家、企业家等等的幸福。这种幸福的实现，一般说来，机遇的作用最大，品德的作用次之，天资的作用又次之，努力的作用最小。立德是品德方面的创造性幸福，如品德完善、成圣成贤的幸福。这种幸福的实现，一般说来，努力的作用最大，天资的作用次之，机遇的作用最小。

无论何种幸福，其实现皆需才、力、命、德四要素的配合。那么，这四要素配合起来，幸福便必定能实现吗？未必。幸福的实现不但需要才、力、命、德的配合，且还需要这四要素与欲望的配合。因为欲望是幸福实现的负相关要素：欲望越大，幸福就越难实现；反之，才、力、命、德则是幸福实现的正相关要素：才越高、力越大、命越好、德越优，幸福便越易实现。这样，即使一个人的才高、力大、命好、德优，但如果他的欲望太大，也不能实现其欲望而获得幸福。反之，即使一个人才不算高、力不算大、命不算好、德不算优，但如果他的欲望很低，也能实现其欲望而获得幸福。

可见，幸福能否实现完全取决于才、力、命、德与欲望的关系：如果欲望超过才、力、命、德，则虽然所希求的幸福大、多、高，却不会实现而陷于大、多、高之不幸；如果欲望低于才、力、命、德，则幸福虽会实现，但失之低、少、小；只有欲望与才、力、命、德相称一致，幸福才会完美实现：欲望与才、力、命、德相称一致，乃是幸福实现的充分且必要条件。

无欲说与禁欲说不懂得"欲望低于才、力、命、德，幸福虽会实现，但失之低少小"的道理，而主张人的欲望应降至最低限度。这固然把人的不幸与痛苦降到了最低限度，但也把幸福和快乐降到了最低限度："当一个人把欲望降至最低限度后，生活的多彩多姿也将随之变得索然无味，而生命本身也将失去其原有的光辉。"[1]反之，纵欲论则不懂得"欲望超过才、力、命、德只能陷于大不幸"的道理，而主张任欲而行、不必节制。这样做，不过是以一时之快乐而易永久之不幸、以微小之快乐而易巨大之痛苦罢了。唯有介于两者之间的节欲说与导欲说是正确的，因为欲望确实必须加以节制和指导

---

[1] 弗洛伊德：《图腾与禁忌》，中国民间文艺出版社1986年版，第10页。

而防止其过高或过低。遗憾的是，该说未能找到节欲和导欲的标准：欲望与才、力、命、德一致。

总而言之，欲、才、力、命、德是幸福实现的充足且必要的五大要素。欲是幸福实现的动力要素、负相关要素：欲望越大，幸福便越难实现；才力命德是幸福实现的非动力要素、正相关要素：才越高、力越大、命越好、德越优，幸福便越易实现；欲与才力命德一致，幸福便会完美实现。这就是幸福的实现律。幸福的实现律可以归结为一个等式：

$$幸福的实现 = \frac{才\ 力\ 命\ 德}{欲}$$

至此，我们既确证了道德总原则"善"，又进而一方面引申、推演出如何善待他人——主要是国家制度与国家治理——的道德原则"公正"与"人道"，另一方面则引申、推演出如何善待自己的道德原则"幸福"。这样，我们便完成了科学伦理学的道德原则体系。但是，我们还没有完成它的道德规范体系。因为道德规范分二而为道德原则与道德规则：道德原则是某个领域全局的、根本的道德规范，而道德规则是某个领域局部的、非根本的道德规范。所以，我们应该进一步从道德原则体系出发，构建隶属于它的道德规则体系。

思考题

1. 穆勒认为幸福只是快乐，只是一种心理体验，此外什么也不是：一个人只要自己觉得幸福，他就是幸福的。亚里士多德认为幸福亦即自我实现，一个人只有自我实现才是幸福，否则，无论他如何感到幸福，他都不是幸福的。二者谁是谁非？
2. 马斯洛发现，低级需要优先于高级需要，高级需要是低级需要得到满足的结果。那么，由此是否可以说幸福越低级便越优先、越高级便越后置、高级幸福是低级幸福得到实现的结果？结论似乎如此。然而，事实上，古今中外却有众多享有高级幸福的思想家、艺术家、理论家、文学家、哲学家，如苏格拉底、斯宾诺莎、曹雪芹、鲁迅、车尔尼雪夫斯基、莱蒙托夫等等，都没有得到物质幸福：他们或者是穷困潦倒，或者是英年早逝，或者是坎坷多难。那么，问题究竟出在哪里？

3. 假设一个人在真实的、人间的世界不可能摆脱不幸、求得幸福，因而感到人生没有意义，无法再生活下去。那么，他是否应该皈依宗教，通过信仰神灵世界而得到虚幻的幸福？弗洛伊德答道："无疑的，宗教是追求幸福的一种方法……我想利用宗教来给予人类幸福此一做法是注定要失败的。"（弗洛伊德：《图腾与禁忌》，中国民间文艺出版社1986年版，第11页。）弗洛伊德的回答对吗？

4. 你愿做一个不满足的苏格拉底，还是一头满足的猪？你愿意做一个死皇帝，还是一只活老鼠？

5. 在现实生活中，我们往往看到很多人缺德却一生幸福，很多人有德却一生不幸。那么，这是否意味着美德与幸福不相关或德福大体背离？

6. 天资、聪明、智慧与一个人的幸福是何关系？似乎成反比关系：越聪明便越痛苦，因而有所谓"智慧的痛苦"。Qoheleth甚至说："才智和知识只不过是疯狂和愚蠢。真的，这就如同要抓住风：才智越多苦恼就越多，增加知识就是增加痛苦。"（Ignacio L. Gotz, *Conceptions of Happiness*, University Press of America, Inc., Lanham`New York, 1995 p.152.）然而，按照本书的观点，天资乃是幸福实现的必要条件、必要因素，二者成正相关变化：天资越低下，所追求的幸福便越难以实现；天资越高厚，所追求的幸福便越容易实现。试问，这两种观点是否矛盾？如果矛盾，谁是谁非？

参考文献

冯友兰：《三松堂文集》，北京大学出版社1984年版。
孙英：《幸福论》，人民出版社2004年版。
Elizabeth Telfer, *Happiness*. The Macmillan Press Ltd., 1980.
Louis P. Pojman, *Ethical Theory: Classical and Contemporary Readings*. Wadsworth Publishing Company, USA, 1995.

第八章
道德规则

　　诚实是动机在于传达真信息的行为。但是，只有在诚实这种善与其他更大的善不发生冲突而可以两全时，才应该诚实；否则便不应该诚实而应该欺骗以保全其他更大的善。诚实是维系人际合作从而保障社会存在发展的基本纽带，因而是如何善待他人的最为重要的道德规则。反之，善待自己的最为重要的道德规则是贵生：生命无疑是一个人最重要的东西。但是，贵生并不是善待自我的最高道德规则；善待自我的最高道德规则是自尊。因为自尊心是对自己的人格的爱，是使自己受自己和他人尊敬的心理；一个人要满足其自尊心，便必须得到自己和他人的尊敬；而要得到自己和他人尊敬，便必须有所作为、有所成就：自尊者必自强、自立也。不过，自尊似乎与谦虚相反而与骄傲相同。其实不然，因为谦虚是较低看待自己而较高看待别人的心理和行为，是低己高人、以人为师的心理和行为；而骄傲则是较高看待自己而较低看待别人的心理和行为，是高己低人、好为人师的心理和行为。所以，谦虚不但不与自尊矛盾，而且恰恰依据于自尊：低己高人、以人为师，以便有所成就而实现自尊。那么，这种成就和自尊的基本内容是什么？是"智慧"。智慧是相对完善的思想活动能力。一个人如果具有正常人以上的天资,那么,他能否取得智慧,便完全取决于学习:学习越努力,便越易于取得智慧、所取得的智慧便越大;越不努力,便越难于取得智慧、所取得的智慧便越小;少于一定程度的努力学习,即使天资极高也不可能取得智慧。智慧的意义和价值完全在于支配和实现需要、欲望:欲望如果受智慧、理智支配,便是所谓的节制;否则便是放纵,亦即不节制。节制可使人不做明知不当做之事,不致害己害人,因而极其符合道德目的,是一种极为重要的善。人生在世,最重要的节制,莫过于智慧对于勇敢的指导和支配。因为勇敢是不畏惧可怕事物的行为:勇敢如果背离智慧,便是鲁莽和不义之勇,便有害于社会和他人以及自我而具有负道德价值,因而是不应该的、不道德的、恶的;勇敢只有与智慧结合,才是义勇和英勇,才有利于社会和他人以及自我而具有正道德价值,因而才是应该的、道德的、善的。那么,总而言之,我们对于勇敢、节制、智慧、谦虚、自尊、诚实等一切道德规则以及善、公正、平等、人道、幸福、贵生等一切道德原则的遵守,是否越严格、越绝对、越极端、越过火、越不变,便越好?否。只有中庸、亦即适当遵守一切道德规范的行为,才是道德的、善的;而过于遵守道德规范与不遵守道德规范殊途同归,都是恶的、不道德的:中庸是适当遵守道德的善行;"过"是过当遵守道德的恶行;"不及"是不遵守道德的恶行。一个人遵守某道德是否中庸、适当,并非一成不变,而是因时因事而异的。当遵守一种道德与遵守他种道德不发生冲突而可以两全时,则遵守此种道德便是适当的,便是中庸;而不遵守此种道德便是"不及"。当遵守一种道德与遵守他种道德发生冲突而不能两全时,如果此种道德的价值小于他种道德的价值,那么遵守此种道德便是"过",不遵守此种道德而遵守他种道德便是中庸;如果此种道德的价值大于他种道德的价值,那么遵守此种道德便是中庸,而不遵守此种道德则是"不及":时中而达权、具体情况具体权衡,是实现中庸之道的基本方法。

道德规范越普遍、越一般、越抽象,便越稀少;越特殊、越个别、越具体,便越众多。所以,人类的道德原则不过"善""公正""平等""人道""自由""异化"和"幸福"七个。反之,人类的道德规则纷繁复杂、不胜枚举。伦理学是道德哲学,它的道德规范体系无疑只能够也只应该容纳那些比较重要而又颇为复杂的普遍道德规则;而其他则留给各种应用伦理学或常识与直觉。这些比较重要且复杂的普遍道德规则,可以归结为"诚实""贵生""自尊""谦虚""智慧""节制""勇敢"和"中庸"八大规则。

不难看出,在这八大道德规则中,诚实最为重要。因为人离开社会无法生存;而人际合作之所以能进行、社会之所以能存在发展,显然是因为人与人的基本关系是互相信任而非互相欺骗,是因为人们相互间的诚实行为多于欺骗行为。所以,诚实居于道德规则体系之首:"诚实是最好的策略。"

1. 诚实是最好的策略

假设一个凶手正在追杀一个无辜者,这时候有一个人正好目睹了无辜者藏在什么地方。凶手就问这个人:你看见一个人往哪里跑了?这时候这个人就面临着两种道德规范的冲突:是要"诚实"害人,还是要欺骗"救人"?孟子的答复是:不该诚实害人,而当欺骗救人:"大人者,言不必信,行不必果,惟义是从。"然而,两千年之后,康德的答复却恰恰相反:要诚实,即使害人,也要诚实,因为诚实是一条"绝对的律令"。孰是孰非?

说来话长。原来,诚实就是说真话,欺骗则是说假话。这是诚实与欺骗的通俗定义。然而,细究起来,说话、语言并非诚实和欺骗的唯一形式。例如,烽火戏诸侯、明修栈道暗渡陈仓岂不都是欺骗?显然,沉默、点头、手势、行动等一切行为都可以是诚实或欺骗。所以,诚实或欺骗包括语言和行动两方面而属于行为范畴。由此看来,似乎应该说:诚实是传达真信息的行为,欺骗是传达假信息的行为。其实仍不尽然。因为如果一个信息是假,但张三却以为它是真的,并把它当作是真的传达给他人,这样,他便是在传达一个主观动机以为是真而客观实际却是假的信息。他的这种行为是诚实还是欺骗？当然是诚实而非欺骗。准此观之，是诚实还是欺骗并不取决于所传达的信息在客观实际上之真假，而取决于所传达的信息在传达者的主观动机中之真假。因此，诚实便是动机在于传达真信息的行为，是自己以为真的也让别人信其为真、自己以为假也让别人信其为假的行为；欺骗则是动机在于传达假信息的行为，是自己以为真却让别人信其为假、自己以为假却让别人信以为真的行为。这是欺骗和诚实的精确定义。这个定义并未完全否定前此的通俗定义。因为不言而喻，语言毕竟是诚实和欺骗所传达的信息的主要形式。所以，诚实，主要地讲，也就是说真话，是传达真话的行为；欺骗，主要地讲，也就是说假话，是传达假话的行为。

诚实可以分为诚与信。因为"诚实是动机在于传达真信息的行为"意味着：诚实者传达的真信息之为真信息，并非因为其与客观事实相符，而是因为其与传达者自己的主观思想及其所引发的自己的实际行动相符：与自己思想相符叫做诚、真诚；与自己的行动相符叫做信、守信。反之，欺骗所传达的假信息之为假信息，并非因其与客观事实不符，而是因为其与传达者自己的主观思想及其所引发的自己的实际行动不符：与自己的思想不符叫做撒谎；与自己的行动不符叫做失信。更确切些说，诚和信是以真信息源的性质为根据而划分诚实的两大类型：诚、真诚是传达与自己的思想相符合、相一致的信息的行为，主要表现是"心口一致"；信、守信是传达与自己的实际行动相符合、相一致的信息的行为，其主要表现是"言行一致"。反之，撒谎和失信则是以假信息源的性质为根据而划分欺骗的两大类型：撒谎是传达与自己思想不一致不相符的信息的行为，其主要表现是"心口不一"；失信是传达与自己的实际行动不一致不相符的信息的行为，其主要表现是"言行不一"。

欺骗还可以按其动机的性质分为恶意欺骗和善意欺骗。恶意欺骗是欺骗之常规，是动机有害他人的欺骗，如造谣诽谤、阿谀奉承、伪善伪证等等。善意欺骗是欺骗之例外，是动机无害他人的欺骗，是动机利人或利己而不损人的欺骗，如欺瞒凶手、安慰病人、戏言取乐、说客套话等等。同理，诚实也有善意与恶意之分。善意诚实是动机无害他人的诚实。这种诚实，是诚实之常规，毋庸多言。反之，恶意诚实则是诚实之例外，是动机有害他人的诚实，如传述真话以挑拨离间。恶意诚实多为故意，但也有不得已者。例如，某人因被追杀而逃到我家，当凶手向我打听被他追杀者是否逃到我家时，我如害怕自己被伤害或为自己诚实做人而不得已如实相告，便属于恶意诚实。因为它毕竟含有为避免自己被伤害或为自己诚实做人而出卖、伤害他人性命之动机。那么，是否善意的欺骗和诚实是应该的、道德的，而恶意的欺骗和诚实是不应该、不道德的？否。

因为诚实和欺骗的道德价值可以按其对于社会、他人、自己三方面的效用来衡量。首先，从被欺骗与被诚实对待的他人来看：试想，谁不愿意被诚实对待？谁愿意被人欺骗呢？所以，被欺骗，即使是被善意欺骗，无疑也是一种伤害；被诚实对待，即使是被恶意地诚实对待，无疑也是一种利益。其次，从欺骗者和诚实者自己来看：欺骗而不诚实，确实可以得到暂时的、局部的利益。但从长远和总体来看，正如西方格言所说："诚实是最好的策略。"最后，从社会来说：人际合作之所以能进行、社会之所以能存在发展，显然是因为人与人的基本关系是互相信任而非互相欺骗，是因为人们相互间的诚实的行为多于欺骗行为。否则，如果人与人的基本关系是互相欺骗而非互相信任，人们相互间的欺骗行为多于诚实行为，那么，合作必将瓦解、社会必将崩溃。一句话，诚实无疑是维系人际合作、从而保障社会存在发展的基本纽带。因此，一切诚实的行为，不论如何不同，不论其意善恶，就其共同的诚实本性来说，都有利他人、有利自己、更有利于社会的存在发展，因而便都符合道德目的，便都是道德的、善的、应该的；反之，一切欺骗的行为，不论如何不同，不论其意善恶，就其共同的欺骗本性来说，都有害于他人、也有害于自己、更有害于社会的存在发展，因而便都不符合道德目的，便都是不道德的、不应该的、恶的。

不过，一切欺骗虽然都有害社会、他人、自我，因而都是恶的，但其对社会、他人和自我的损害的大小、恶的大小显然与其善意成反比而与其恶意成正比：欺骗的善意越大，对被欺骗者的利益便越大，欺骗者便越可得到原谅，因而它对社会、他人、自我的损害便越小，它的恶便越小；欺骗的恶意越大，对被骗者的损害便越大，欺骗者便越不可原谅，因而它对社会、他人、自我的损害便越大，它的恶便越大。所以，阿奎那说："如果一个人说谎的意图在于损害他人，那么，谎言的罪恶就加重了，这就是恶意的谎言；相反地，如果说谎是为了达到某种善或快乐，谎言的罪恶就减轻了。"①"显然，谎言的善意越大，谎言罪恶的严重程度就越是减轻。"②同理，一切诚实，虽然都有利于社会、他人、自我，因而都是善，但其对社会、他人、自我的利益之大小、善的大小与其善意成正比而与其恶意成反比：诚实的善意越大，对诚实接受者的利益越大，它便越可赞赏，它对社会、他人、自我的利益便越大，它的善便越大；诚实的恶意越大，对诚实接受者的损害越大，它便越不可赞赏，它对社会、他人、自我的利益便越小，它的善便越小。

可见，一切诚实无论如何，其自身都是道德的、应该的、善的，因而也就是人际行为应当如何的道德规范；一切欺骗，无论如何，其本身都是不道德的、不应该的、恶的，因而也就是人际行为不应该如何的道德规范。诚实是应当的，欺骗是不应当的。那么，人们是否在任何情况下都应当诚实而不应当欺骗？

康德的回答是肯定的："诚实是理性教义的一种神圣的绝对命令，不应受任何权宜之计限制。"③他举例说，即使当凶手询问被他追杀而逃到我们家里的无辜者是否在我们家里，我们也应该诚实相告而不该谎称他不在家："在不可不说的陈述中，不论给自己或别人会带来多么大的伤害，诚实都是每个人对他人的不该变通的责任。"④"因为谎言总是要伤害他人的，即使不伤害某个特定的人，也是对人类的普遍伤害，因为它败坏了规则之源。"⑤

康德的错误在于，他仅仅看到诚实是善、欺骗是恶，然而却不懂得"两善相权取其重、两恶相权取其轻"的道理。其实，当凶手打听被他追杀而逃到我们家里的人是否在家时，诚实这种善便与救人这种善发生了冲突：要

---
① Sissela Bok, *Lying:moral choice in public and private life*. New York:Vintage Books,1989,p.256.
② Ibid,p.257.
③ Ibid,p.269.
④ Ibid,p.268.
⑤ Ibid,p.269.

一个凶手正在追杀一个无辜者,这时候有一个人正好目睹了无辜者藏在什么地方。凶手就问这个人:"你看见一个人往哪里跑了?"怎么办?孟子说:应该欺骗救人。康德说:应该诚实害人。

诚实便救不了人,要救人便不能诚实;不欺骗就得害人性命,不害命便得欺骗。但是,诚实是小善、救人是大善,两善相权取其大:救人;欺骗是小恶,害命是大恶,两恶相权取其轻:欺骗。所以,当此之际,便不该诚实害命,而当欺骗救人。孟子曰:"大人者,言不必信,行不必果,惟义是从。"①此之谓也!否则,避小恶(欺骗)而就大恶(害命)、得小善(诚实)而失大善(救人),岂非小人之举?所以,孔子云:"言必信,行必果,硁硁然小人哉!"②

可见,只有在正常情况下,即在诚实这种善与其他的善不发生冲突时,才应该诚实而不应该欺骗;而在非常情况下,即在诚实与其他更大的善发生冲突不能两全时,则不应该诚实而应该欺骗以保全其他更大的善。因此,诚实和欺骗并非道德原则,而是从属于、支配于、决定于"两善相权取其重,

---

① 《孟子·离娄章句下》。
② 《论语·为政》。

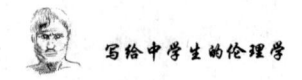

两害相权取其轻"的善恶原则的基本道德规则。

　　诚实和欺骗是基本的道德规则而不是道德原则，所以，也就从属于、支配于、决定于善恶原则、仁爱原则、公正原则等一切道德原则。因此，在每个人的品德结构中，诚实和欺骗便是被支配的、被决定的、从属的、次要的因素；而善良、恶毒、仁爱、公正等等则是支配的、决定的、主要的、主宰的因素。这样，一个仁爱而虚伪的人的品德境界，便高于一个恶毒而诚实的人的品德境界。甚至一个伪善者也高于一个诚实的恶人。因为伪善者还知羞耻，而诚实的恶人则厚颜无耻；厚颜无耻无疑是品德的最低境界。因此，王船山说："小人之诚，不如无诚。"[①]一个人仅仅诚实，还远不是一个品德良好的人；要品德良好，更重要的还要仁爱、善良、公平、同情、感恩等等。依此观之，我国多年来的"品德滑坡论"与"品德爬坡论"之争便可以解决了：前者是真理，后者是谬误。因为近年来我国国民的品德状况，虽然更加诚实，却更少仁爱、无私、善良、公平；虽然更少欺骗，却更多自私、损人、不公、无耻。所以，国民的品德便不是上升爬坡而是下降滑坡了。爬坡论的错误显然在于夸大诚实美德的基本性、重要性以致以为其为品德的决定性因素。

　　然而，诚实乃是如何善待他人的最为重要的道德规则。那么，善待自己的最为重要的道德规则是什么？是贵生。是以道家说死皇帝情愿为活老鼠也！所以，确立了善待他人的最为重要的道德原则"诚实"之后，应该继之以"贵生"：死王乃不如生鼠也！

2. 死王乃不如生鼠

　　善待自己的最为重要的问题就是正确对待自己的生命和自己生命之外的东西。道家对这个问题的解决，现在看来，是不错的，亦即应该贵生：贵生是善待自己的最为重要的规则。所谓贵生，亦即贵生贱物、重生轻物，也就

[①] 王夫之：《读通鉴论》卷五，"平帝（三）"，中华书局1975年版，第12页。

是把自己分为"生"（自己的生命）和"物"（自己生命之外的东西），而认为自己的生命贵于自己生命之外的东西，因而也就是自己最宝贵最有价值的东西。道家说得很妙："今吾生之为我有，而利我亦大矣。论其贵贱，爵为天子，不足以比焉；论其轻重，富有天下，不可以易之；论其安危，一曙失之，终身不复得。"所以，"圣人深虑天下，莫贵于生。"一言以蔽之曰："死王乃不如生鼠"[①]也！可是，为何生命是自己最宝贵的东西？

谁都知道，说某物对自己是有价值的宝贵的东西，意味着：某物有一种效用，这种效用能满足自己的需要、欲望、目的。因此，生命是自己最宝贵、最有价值的东西，便意味着：生命能满足自己的最重要的、最根本的、最大的需要、欲望、目的。那么，人们最重要最根本最大的需要、欲望、目的是什么呢？无疑是求生欲，是求生的需要、欲望、目的。费尔巴哈说："人的愿望，至少那些不以自然必然性来限制其愿望的人的愿望，首先就是那个希冀长生不死的愿望；是的，这个愿望乃是人的最后的和最高的愿望，乃是一切愿望的愿望。"[②]一个人的生命之所以是他自己最宝贵、最有价值的东西，就是因为他的生命能满足他最重要、最根本、最大的愿望：求生欲。欲望得到满足便是所谓的快乐；欲望得不到满足便是所谓痛苦。所以，生命本身、活着本身便因其能满足自己最重要、最根本、最大的欲望而是自己最重要、最根本、最大的快乐。庄子将这个道理概括为四个字："至乐活身。"[③]

可见，生命之所以是一个人最宝贵的东西，直接讲来，是因为生命的快乐是人生的最重要、最根本、最大的快乐；根本讲来，是因为生命能满足人的最重要、最根本、最大的欲望：求生欲。推此可知，一个人究竟怎样行为对自己最有利和最有害：贵生的行为对自己最有利，因为一个人如果贵生轻物，那么即使他失去身外名货，得到的却是最宝贵、最有价值的东西；反之，重物轻生的行为对自己最有害，因为一个人如果重物轻生，

---

① 转引自姜生：《道教伦理论稿》，四川大学出版社1995年版，第87页。
② 《费尔巴哈哲学著作选集》（下卷），北京三联书店1962年版，第554—569、775页。
③ 《庄子·至乐》。

你是要做一个死皇帝，还是要做一只活老鼠。（王见大绘）

那么即使他得到了身外名货，却失去了性命，岂非杀身以易衣、断首以易冠？贵生最有利自己，因而也就是善待自己的首要规范；重物轻生最有害自己，因而也就是恶待自己的首要规范。那么，究竟应该如何贵生呢？应该乐生：乐生乃贵生之道。

因为如上所述，生命之所以最宝贵只因其能满足人的最重要欲望而为人的最重要的快乐：满足最重要的欲望、得到最重要的快乐是最宝贵的。所以，贵生，说到底，便是贵"达欲快乐"；贵生的行为，说到底，便是乐生达欲而非苦生禁欲的行为：乐生乃贵生之道也！因此，道家认为六欲只得到部分满足的"亏生"并非贵生、尊生；贵生、尊生乃是六欲都得到适当满足的"全生"。但是，一个人所追求的种种快乐，往往互相冲突、不可得兼。譬如，日夜淫乐，固然快活，但掏空了身子，便不能久乐。那么，应该选择暂时快乐还是长久快乐？显然应该选择长久快乐。而要想长久快乐，正如道家

① 《吕氏春秋·情欲》。

所言，必须健康长寿："古人得道者，生以寿长，声色滋味，能久乐之。"①于是，利生便是乐生的前提；贵生是以利生为前提的乐生。这样，贵生的乐生便不是纵欲的乐生，不是放纵一切欲望、追求一切快乐；而是节欲的乐生，是只满足有利生命的欲望、只追求有利生命的快乐："是故圣人之于声色滋味也，利于性则取之，害于性则舍之，此全性之道也。"①那么，究竟怎样才能做到利生而乐生？应该养生：养生乃贵生之本。

何谓养生？《吕氏春秋》说："知生也者，不以害生，养生之谓也。"这就是说，养生是知生之贵而自觉地利生不害生，是健康长寿的唯一途径，因而也就是贵生、乐生之根本。那么，究竟应该如何养生呢？

养生的第一原则是"神静形动"。人的生命无非精神与形体、精神统率形体。所以，养生也就无非养神与养形、养神重于养形："太上养神，其次养形。"养神的原则是"静"。因为精神安静稳定才能正常运行，脏腑机能才会协调平衡，免疫力才能增强，从而才能健康长寿。反之，精神若躁动不安，便不能正常运行，脏腑机能便会紊乱，免疫力便会减弱而易罹患疾病。然而，精神是人的一切生命活动之主宰，易动而难静。怎样才能静而不躁？或者说，养神的具体方法为何？

首先，应"舒畅情怀"。《皇帝内经》说："百病生于气也：怒则气上、喜则气缓、悲则气消、恐则气下、思则气结。"这就是说，七情(喜、怒、忧、思、悲、恐、惊)失常是扰乱心神从而致病的重要因素。所谓失常，有两种情况：一是过于激烈，如狂喜、盛怒、骤惊、大恐；二是过于长久，如冥思苦想、积忧久悲。那么，怎样才能精神安静、七情正常？显然，应该精神愉快、情怀舒畅。其次，应"欲望适度"。一个人如果欲望过度，便会因其难以实现而焦躁不安、精神耗散。所以，养生家们说："欲寡精神爽，思多气血衰。"可见，欲望适度、知足常乐是养神的基本方法。《道院集》将这一方法概括为"除六害"："摄生者，先除六害：一曰薄名利；二曰禁声色；三曰廉货财；四曰损滋味；五曰屏虚妄；六曰除嫉妒。六者若存，不

---

① 《吕氏春秋·本生》。

能挽其衰朽矣。"最后，应"修养品德"。人是个社会动物。每个人的一切欲望，都是靠社会与他人的帮助实现的。一个人能否得到社会与他人帮助、他的心境能否愉快平和，关键在于他是否有德，在于社会与他人认为他有德。因为如果他有德，如果社会与他人认为他有德，他便既会得到荣誉、得到社会与他人的帮助，又会得到良心满足、得到自我奖赏，从而他的心境便会愉快平和。反之，如果他缺德，如果社会与他人认为他缺德，他便既会受到舆论谴责、被社会与他人唾弃，又会受到良心谴责、受到自我惩罚，这样他便会忧愁焦虑、惶恐不安。所以，养生家们说："善养生者，当以德行为主，而以调养为佐。"

养形的原则是"动"。孙思邈说："人若劳于形，百病不能成。"可是，为什么动能养形？华佗答曰："人体欲得劳动，但不当自使竭尔。体常动摇，谷气得消，血脉流通，疾则不生。卿见户枢，虽用易朽之木，朝暮开闭动摇，遂最晚朽。是以古之仙者赤松、彭祖之为导引，盖取于此也。"

养生第二原则是"饮食有节"。所谓饮食有节，一方面指饮食质的适宜(各种食物的合理搭配)；另一方面指饮食量的适度(按时节量)。食物应该如何搭配？《皇帝内经》说："五谷为养，五果为助，五畜为益，五菜为充。气味合而服之，以补精益气。"此后历代养生家一致认为食物搭配的原则是"素食为主、荤素结合"：荤即肉类(五畜)，素则包括粮食(五谷)、蔬菜(五菜)、水果(五果)等。何谓"按时节量"？所谓"按时"，一般早餐7时左右、午餐12时左右、晚餐6时左右。每餐之间应间隔5～6小时，因为一般食物在胃中约停留4～5小时，并且消化器官需要休息一定时间才能恢复其功能。每餐后，当以手摩腹，缓行片刻。所谓"节量"，是说三餐食物分配应有一定比例：早餐占30%～35%、午餐占40%、晚餐占25%～30%。"节量"的基本精神，如孙思邈所言："体欲常劳，食欲常少；劳勿过极，少勿过饥。"一些当代养生家甚至推断，依靠少食而无饥，人能延长寿命40年。

养生第三原则是"起居有常"。所谓"起居有常"，意即根据自然和人体的客观规律、结合自己的具体情况来安排起居作息，持之以恒。这一原则，一般说来，表现为如下五个方面：

（1）晨起。每天早晨，按时起床。春秋宜早睡早起，夏季宜晚睡早起，冬季宜早睡晚起。总而言之，起床时间以日出前后为宜："早起不在鸡鸣前，晚起不在日出后。"一般说来，早晨5~6点起床、夜晚9~10点就寝为宜。晨间锻炼，在床上可手拍心胸，叩齿，梳发，擦面等。然后下床去室外打拳或跑步等等。

（2）劳作。上午和下午为劳作时间。连续劳作之间要有适当休息、劳逸结合。陶弘景说："从朝至暮，常有所为，使之不息乃快，但觉极当息，息复为之。"① 劳作负担不能过重："神大用则竭，形大劳则毙。"

（3）晚憩。黄昏之后，不宜辛劳。晚上当以休息娱乐为主，放松身心，为睡眠做好准备。

（4）睡眠。睡眠对生命的重要性不次于饮食。人不吃东西40天左右死亡，不睡觉则只能活半月。所以养生家很重视睡眠，认为"眠食二者为养生之要务。"半山翁云："华山除士容相见，不觅仙方觅睡方。"② 一般说来，每天成人应睡8小时、老年人应睡9小时左右。

（5）起居健身十四宜：面宜多擦、发宜多梳、目宜常运、耳宜常弹、齿宜常叩、舌宜舔腭、津宜常咽、浊宜常呵、便宜禁口、腹宜常摩、肛宜常提、足心宜常擦、皮肤宜常干浴、肢节宜常动摇。

养生之法，历代相传，至今真可谓五花八门、千头万绪。但追本溯源，莫不衍生于"神静形动""饮食有节""起居有常"三大养生原则、养生之道。所以《皇帝内经》说，一个人若谨守此三大养生之道，便可望百岁长寿；否则势必半百而衰也。

贵生虽然是善待自己的最为重要的道德规则，但是，贵生并不是善待自我的最高道德规则：善待自我的最高道德规则是自尊。因为一个人的自己，无非由自己的生命和自己的人格两方面构成。贵生是自爱在自己生命方面的表现，是对自己的生命的爱，是对生命自我的爱。反之，自尊则是自爱在自己人格方面的表现，是对自己的人格的爱，是对人格自我的爱。所以，贵生之后，应该研究自尊：自尊者必自强也！

---

① 转引自张奇文主编：《实用中医保健学》，人民卫生出版社1989年版，第145页。
② 吕兵：《颐养天年》，知识出版社1991年版，第276页。

3. 自尊是一种基本的善

罗尔斯说:"自尊是一种基本的善。倘若没有自尊,恐怕就没有什么事情是值得做的,即使一些事情对我们有价值,我们也缺乏追求它们的意志。"[1]粗略看来,罗尔斯的话似乎言过其实。因为自尊与尊人相对。尊人是尊敬他人,是他人受尊敬;自尊则是尊敬自己,是自己受尊敬:尊敬自己怎么会如此重要呢?

原来,所谓自尊,就是使自己受尊敬的心理和行为,也就是使自己受自己和他人尊敬的心理、行为:使自己得到尊敬的心理,叫做自尊心;使自己得到尊敬的行为,叫做自尊行为。问题的关键就在于,一个人怎样才能得到自己和他人的尊敬呢?不言而喻,只有自强不息、有所作为、有所成就、有贡献、有价值才能得到自己和他人的尊敬:"为鸡狗禽兽矣,而欲人之尊己,不可得也。"因此,自尊说到底,也就是使自己自强不息、有作为、有价值从而赢得自己和他人尊敬的心理、行为:自信是自尊的根本特征。所以,冯友兰写道:"孟子说:'舜何人也,予何人也,有为者亦若是。'有这一类底志趣者,谓之有自尊心。"

自尊的反面是自卑:自卑是认为自己无能使自己受尊敬的心理和行为,是认为自己没有能力有作为、有价值的心理和行为:不自信是自卑的根本特征。冯友兰说:"无自尊心的人,认为自己不足以有为,遂自居于下流,这亦可以说是自卑。"[2]因此,自卑之为自卑的根本特征,并非自认卑下,而是自认无能改变自己之卑下。所以,仅仅认为自己卑下,还不是自卑——认为自己卑下但能加以改变,恰恰是自信、自尊——只有认为自己卑下且无能加以改变,才是自卑:自卑是自认无能改变自己之卑下的心理和行为。由此可以理解,为什么生理缺陷最易引起自卑,因为生理缺陷是自己无能、无法加以改变的。

---

[1] John Rawls, *A Theory of Justice* (Revised Edition). The Belknap Press of Harvard University Press, Cambridge, Massachusetts, 2000, p.386.
[2] 冯友兰:《三松堂全集》第四卷,河南人民出版社1986年版,第442页。

自尊是使自己受自己和他人尊敬的心理、行为，意味着自尊分为两类：一类是使自己得到自己尊敬的心理和行为，叫做内在自尊；一类是使自己得到他人尊敬的心理和行为，叫做外在自尊。内在自尊与外在自尊显然相反而相成：一个人如果只求外在自尊、只求他人对自己的尊敬，而不求内在自尊、不求自己对自己的尊敬，其自尊便不再是自尊而蜕变为虚荣；反之，如果只求内在自尊、只求自己对自己的尊敬，而不求外在自尊、不求他人对自己的尊敬，其自尊便不再是自尊而蜕变为自傲。这就是说，内在自尊与外在自尊一致，是自尊之为自尊的根本条件。

现代心理学认为，自尊是人的基本需要、基本欲望，这种需要欲望人皆有之，只不过有些人强些、有些人弱些罢了。一个人的这种需要或欲望，如果得到满足，便会感到自豪的快乐：自豪是自尊心得到满足的心理反应；反之，如果得不到满足，便会感到羞耻：羞耻是自尊心受挫的心理反应。那么，人们将进行怎样的行为以满足其自尊呢？

一个人要满足其自尊心，必须得到自己和他人的尊敬；而要得到自己和他人尊敬，必须有所作为、有所成就：自尊者必自强、自立也。这是从质上看。从量上看，一个人得到自己和他人尊敬的程度、他自尊需要的满足程度，显然与他所取得的成就之大小成正比：他取得的成就越多，他得到的尊敬便越多，他自尊需要得到的满足便越充分，他便越自豪、快乐；他取得的成就越少，他得到的尊敬便越少，他自尊需要得到的满足便越不充分，他便越羞耻、痛苦。

可见，不论从量上看还是从质上看，自尊都是推动人们自强自立、有所作为、取得成就、创造价值的动力。因此，自尊极其有利社会的存在、发展，符合道德目的，因而是一种极为重要的善：自尊越强，其善越大；自尊越弱，其善越小。所以，罗尔斯说得千真万确："自尊是一种基本的善。倘若没有自尊，恐怕就没有什么事情是值得做的，即使一些事情对我们有价值，我们也缺乏追求它们的意志。"

反之，自卑则是一种基本的恶。因为一个人如果自卑，认为自己没有能力有所作为，那么，他显然就会放弃作为、自暴自弃——谁会为自认不可能

孟子说:"舜何人也,予何人也,有为者亦若是。"

的事情奋斗呢?美国心理学家卡普兰对9300名七年级学生进行十年调查的结论是:自卑和偏离规范的行为(不诚实、加入罪犯团伙、违法行为、吸毒、酗酒、挑衅以及各种心理变态等)成正比例关系。他举例说:在自卑心低、中、高的学生中,一年或更长时间以后承认有过小偷小摸的分别占8%、11%、14%;被学校开除的分别占5%、7%、9%;想过自杀或威胁要自杀的分别占9%、14%、23%。

不过,自尊并不是完全的和绝对的善。因为一个人要得到自己和他人的尊敬,虽然必须有所成就:取得成就,是实现自尊的唯一途径;但是,一个人的成就,却可能有真假之分。真的成就,不言而喻,只有通过奋发有为才能获得。假的成就,则主要通过自欺欺人和贬低他人达到。首先,贬低他人可以使我有成就。譬如说,我没有什么成就。但是,他人如果更没有成就,那么，我岂不就显得有成就了？我长得不好。但是，他人如果长得更不好，我岂不长得好了？所以，我实际虽无成就，但通过贬低他人，我就可以有成就了。这种成就无疑是假成就。其次，自欺欺人可以使我有成就。譬如说，我很怯懦。但是，我若自我吹嘘、欺骗别人，使别人相信我是勇士，那么，在别人眼中，我不就有了勇敢的成就？我没有诗才。但是，我若自欺而使自己相信自己的诗伟大，那么，在我自己的眼中，我不就有了伟大诗人的成就？这些成就显然都是假成就。

这样，一个人实现其自尊的途径实际上便有两种。一种是善的：通过自强自立、奋发有为取得真成就，从而实现其自尊。另一种则是恶的：通过自欺欺人和贬低他人而取得假成就，从而实现其自尊。不言而喻，自尊不应该基于自欺欺人和贬低他人，而应该基于自己的真实成就。这就是自尊的原则。然而，问题是，自尊是尊己；而骄傲也是尊己，谦虚则是卑己。所以，自尊与谦虚、骄傲不可分离，关系极为密切。因此，自尊之后，应该研究谦虚：谦，德之柄也！

4. 谦：德之柄也

《周易》云，谦虚是一种极其重要的美德："谦，德之柄也！"那么，究竟何谓谦虚？《周易》以卑释谦："谦谦君子，卑以自牧也。"对此，朱熹解释说："大抵人多见得在己则高，在人则卑。谦则抑己之高而卑以下人，便是平也。"[①]可见，所谓谦虚，便是较低看待自己而较高看待别人的心理和行为，是低己高人、卑己尊人、以人为师的心理和行为；反之，骄傲则是较高看待自己而较低看待别人的心理和行为，是尊己卑人、好为人师的心理和行为。

然而，如果自己确实高于别人，自己如实看待，也是骄傲吗？是的：

---

① 朱熹：《朱子语类》卷七十。

"自足而见其足、过人而见其过人,是即傲矣。足而不以为不足、过人而不以为不及人,是即傲矣。"①反之,自己明明高于别人却以为低于别人、自己明明有成绩却以为无成绩,也是谦虚吗?是的。冯友兰说:"自己有成绩,而不认为自己有成绩,此即所谓谦虚。"②但是,谦虚并非弄虚作假。如果一个人尊人卑己只在言谈举止,而心里却是卑人尊己,那么,他还不是真正谦虚的人:"真正谦虚的人,自己有成绩,而不以为自己有成绩;此不以为并不是仅只对人说,而是其衷心真觉得如此。"③

谦虚即卑己尊人,岂不是说谦虚即自卑吗?谦虚与自卑确很相像:二者都自认卑下。但是,二者貌似神离、根本不同。因为谦虚是卑己尊人、以人为师的心理和行为,而自卑则是自认无能改变自己之卑下的心理和行为。这样,一方面,从对待自己的态度来说,自卑基于不自信而认为无能改变自己之卑下;反之,谦虚则基于自信而以人为师改变自己之卑下。另一方面,从对待他人的态度来说,谦虚必尊人,因为谦虚之为谦虚,就在于卑己尊人;反之,自卑则趋于卑人、贬低他人。"因为",斯宾诺莎说,"自卑者的痛苦源于自己——通过与他人的力量或德性相比——的软弱无能,因而他若将他的心想都用在挑剔他人的短处上,他的痛苦便会减少,甚至感到快乐。这就是为什么有句格言说:'难中得伴,不幸减半'。相反地,他若是越觉得自己不如他人,他便会越加感到痛苦。所以,没有人比自卑者更容易嫉妒,因而他们最喜欢努力用一种非难而不是指正的眼光察看别人的行为。"④

骄傲即尊己卑人,岂不意味着骄傲即自尊吗?从字面上看确很相似,实则不然。因为骄傲的尊己之"尊",是"高"的意思:骄傲是较高地看待自己,是尊己卑人、好为人师的心理和行为;自尊的尊己之"尊",是"敬"的意思:自尊是使自己得到尊敬,是使自己有作为、有价值从而得到尊敬的心理和行为。这样,自尊便与骄傲根本不同:一方面,自尊是自己的内在志

---

①唐甄:《潜书·虚受》,冯友兰:《三松堂全集》第四卷,河南人民出版社1986年版,第441页。
②同上书,第441页。
③Baruch Spinoza,*The ethics and selected letters*. Translated by Samuel Shirley,edited with introduction by Seymour Feldman, Indianapolis : Hackett Pub. Co.,1982,pp.186—187.
④《王阳明全集》卷三,《传习录下》,上海古籍出版社1992年版。

趣，而骄傲则是自己对待他人的外在关系；另一方面，骄傲必卑人，而自尊则趋于尊人——尊人者，人恒尊之，所以欲得他人尊己，自己必须尊人。

那么，每个人为什么都应该谦虚而不该骄傲？《尚书》答曰："满招损，谦受益。"这可以从两方面看。首先，从我对他人的态度来说。我若谦虚，便会卑己尊人，觉得自己不如别人，因而能以人为师、向别人学习。而"人必有一善，集百人之善，可以为贤人；人必有一见，集百人之见可以决大计。"这样，我便会不断取得进步。反之，我若骄傲，便会卑人尊己，觉得别人不如自己，因而便会自满自足而不能向别人学习。这样我便只能退步而不会进步。

其次，从他人对我的态度来说。我若谦虚而卑己尊人，便会满足他人的自尊心、唤起他人的同情心，他人便会承认我的长处、帮助我克服短处，从而使我获得成功。所以，老子说："不自见，故明；不自是，故彰；不自伐，故有功；不自矜，故长。"反之，我若骄傲而尊己卑人，便会伤害他人的自尊心、唤起他人的嫉妒心，他人便不但不会承认我、帮助我，而且会反

老子曰："企者不立，跨者不行。"

对我、伤害我。试想从古到今,多少以功骄人、以才骄人、以富骄人者——哪一个有好下场呢?所以老子说:"企者不久,跨者不行,自见者不明,自是者不彰,自伐者无功,自矜者不长。"

总之,骄傲极其有害自己和他人、违背道德目的,因而是一种极其重要的恶。王阳明甚至说:"人生大病,只是一傲字。……傲者众恶之魁。"[①]相反,谦虚则极其有利自己和他人、符合道德目的,因而是一种极其重要的善:"善以不伐为大。"《易经》甚至说:"谦,德之柄也。"

既然谦虚是大善、骄傲是大恶,那么,一个人究竟如何才能得到谦虚不傲之品德?这种品德的取得是很难的。富兰克林说:"人的一切自然情欲之中,其最难克除的恐怕要算骄傲了。无论我们怎样去掩饰它、抑制它、利导它,或贼灭它,它终究还是存在着,而随时在出头以显示其一己。即在这一部自传中,你们读者也可多方见到之。因为我虽然自信已经完全克服我的骄心,但我仍不免要以我的谦虚以自傲。"[①]尤其难的是,一个远远高于别人的人,怎样才能衷心觉得低于别人而谦虚呢?自欺欺人吗?当然不是。真正讲来,如所周知,有两条途径可以使人——不论他多伟大——进入低己高人的谦虚之境界。

一个叫做"以己之短量人之长"。尺有所短,寸有所长。自己不论多么伟大,总有短处、缺点;他人不论多么渺小,总有优点、长处。所以,孔子说:"三人行,必有我师焉。"这样,即使是一个伟人,如果能以己之短量人之长,岂不就会衷心觉得低于别人而谦虚吗?一个叫做"与强者比"。天外有天,人上有人。所以每个人都是比上不足、比下有余。这样,如果自己确实高于别人,便不过是与较弱者相比;若与较强者相比,岂不就会衷心觉得低于别人而谦虚吗?古人云:"取法乎上,仅得乎中;取法乎中,仅得其下。"如果取法于理想美德,可以成为颜回。如果取法于颜回,则对于颜回便只有不及而不能超过。所以,有见识者,凡事均取法乎上而与较强者相比。因此,即使他有巨大成就,也会觉得不及标准、

---

① 转引自阿德勒:《儿童教育》,商务印书馆1937年版,第234页。

自感不足而谦虚了。

可见，谦虚并非自我贬低、自欺欺人，而是与较强者相比和以己之短量人之长的结果。然而，如果说谦虚是以人为师，以便有所成就而实现自尊；那么，这种成就和自尊的基本内容是什么？真正讲来，无疑是"智慧"。所以，在自尊和谦虚之后，应该研究智慧：智者，德之帅也！

5. 智慧：德之帅

智慧，正如刘劭所言，乃是美德的统帅："智者，德之帅也！"[1]何以见得？首先，智慧是人的一种能力，是毫无疑义的。问题在于，它究竟是人的哪一种能力？人的一切能力莫非脑力、脑活动能力与体力、躯体活动能力：智慧当然是前者而非后者。脑力、脑活动能力显然也就是精神活动能力、心理活动能力、思想活动能力、意识活动能力：四者是同一概念。心理又分为知(认知)、情(感情)、意(意志)。智慧是意志能力吗？不是。我们不能说坚强的意志力是智慧而软弱的意志力是愚昧：意志力无所谓智慧不智慧。智慧是感情能力吗？也不是。我们不能说丰富敏感的感情能力是智慧而贫乏迟钝的感情能力是愚昧：感情能力也无所谓智慧不智慧。于是，智慧只能是认知能力：只有认知能力才有智慧与愚昧之分。所以，福泽谕吉说："智慧就是指思考事物、分析事物、理解事物的能力。"[2]那么，智慧究竟是一种怎样的认识能力？无疑是相对完善的认知能力，更通俗些说，是相对完善的精神活动能力，是相对完善的思想活动能力。因此，马利坦说："智慧属于完满的层次。"[3]

智慧是相对完善的认知能力，一方面是因为智慧总是有时间性的，总是一定时代、一定地点的人们的智慧，因而只有对于一定时代、一定地点才能

---

[1] 福泽谕吉：《文明概略》，商务印书馆1995年版，第73页。
[2] 马利坦：《科学与智慧》，商务印书馆1995年版，第20页。
[3] 福泽谕吉：《文明概略》，商务印书馆1995年版，第81页。

成立，而不可能对于一切时代一切地点都成立。造船、结网只有对于远古时代的人来说才是智慧而对于现代人来说则远非智慧了。古代的圣贤也只是相对古代说，才有智慧，而对于现代来说，则算不上智慧。福泽渝吉甚至说："如果单就智慧来说，古代圣贤不过等于今天的三岁儿童而已。"①

说智慧是相对完善的认知能力，另一方面是因为任何一个人的智慧、认知总是某些方面的，而不可能是全面的。任何人都不可能具有完全的智慧，而只可能具有某些方面的智慧。所以，说一个人有智慧只是相对于某些方面的精神能力才能成立，而不可能对于一切精神能力都成立。韩信有的是军事智慧，却没有政治智慧。诸葛亮有的是军事、政治智慧，却没有养生智慧。

每个人的智慧都是相对的、不完全的，所以，智慧是多种多样的。做人有做人的智慧，做学问有做学问的智慧，治国平天下有治国平天下的智慧，耕田种地、打造家具、谈情说爱、吸引异性也有智慧。一句话，只要是人的认知能力，只要它在某一方面达到了相对完善，便都是智慧。

人们常说，诸葛亮有智慧而马谡无智慧。真正讲来，马谡只是没有实际用兵的创造智慧，却有烂熟兵法的记忆智慧；否则，诸葛亮就不会与他常谈兵法了。就智慧这种主观心理功能的性质来说，如所周知，智慧主要有五种类型：一是观察智慧，即相对完善的观察能力；二是记忆智慧，即相对完善的记忆能力；三是思维智慧，即相对完善的思维能力；四是想象智慧，即相对完善的想象能力；五是创造智慧，即相对完善的创造能力。

《智慧书》说，罪人、恶人没有智慧。究其实，罪人、恶人只是没有道德智慧，却可能具有其他智慧，如发明某种器械的智慧等等。以智慧这种客观心理内容的性质为依据，可以划分智慧为道德智慧与非道德智慧：道德智慧，是从事道德活动的智慧，亦即从事人己利害活动的相对完善的认知能力；而非道德智慧则是无关道德活动的智慧，是无关人己利害活动的相对完善的认知能力。例如，孟子有的便是道德智慧，因为他说出了对待人己利害活动的至理名言："夫仁，天下尊爵也，人之安宅也。莫之御而不仁，是不

---

① 《孟子·告子章句上》。

智也。"①反之，牛顿有的则是非道德智慧，因为牛顿发现的是无关人己利害活动的万有引力定律。

道德智慧属于道德认知能力，因而也就是品德的一个部分，更确切些说是品德的指导因素，是品德的统帅。所以，刘劭说："智者，德之帅也。"道德智慧既然是品德的一个部分、一个因素，那么显然，一个人越有道德智慧，他的品德便越高；越没有道德智慧，他的品德便越低。可是，实际上，我们却看到，有时候道德智慧较高者，品德却可能比较低；品德比较高者，道德智慧却可能比较低。原因何在？

原来，道德智慧虽然是品德的一个部分、一个因素，却是品德的指导因素，而不是品德的动力因素，因而便不是品德的决定因素。品德的动力因素、决定因素是道德感情。道德感情是品德的决定性因素，所以，道德感情高者，品德必高；品德高者，道德感情必高。道德智慧不是品德的决定因素，所以，道德智慧高者，品德却可能低；品德高者，道德智慧却可能低。由此可见，道德智慧高的人之所以品德低，完全不是因为他的道德智慧高，而仅仅是因为他的品德的其他方面低，如他的道德感情低。反之，道德智慧低的人品德之所以高，完全不是因为他的道德智慧低，而仅仅是因为他的品德的其他方面高，如他的道德感情高。如果人们的道德感情相同，如果人们的品德的其他方面相同，那么毫无疑义，道德智慧高者，品德必高；品德高者，道德智慧必高。

这样，假定人们的道德感情相同，如果人们的品德的其他方面相同，则从道德智慧与品德的关系来看，二者完全成正比例变化：一个人道德智慧越高，品德便越高，从而利人的行为便越多而害人的行为便越少；道德智慧越低，品德便越低，从而利人的行为便越少而害人的行为便越多：道德智慧与利人行为成正比而与害人行为成反比。这就是道德智慧规律。

然而，如果一个人仅有道德智慧，那么，他虽会有利人的良好动机，却未必会有利人的良好效果。他要有利人的良好效果，还需具有非道德智慧。

---

① 《费尔巴哈哲学著作选集》（下），北京三联书店1962年版，第559页。

举例说，一个人品德高尚、富有道德智慧。他临渊羡鱼，而有捕鱼送人的良好动机。但如果他没有如何结网的非道德智慧，那么，他便不可能有捕鱼送人的良好效果。

可见，非道德智慧是利人的良好手段、方法、途径：一个人的非道德智慧越高，便会越大地利人；非道德智慧越低，便会越小地利人。不过，如果一个人仅有非道德智慧而没有道德智慧，那么，他的非道德智慧越高，他就不仅可能更大地利人，也同样可能更大地害人。秦桧、希特勒、墨索里尼、严嵩、蔡京……古今中外多少祸国殃民者岂不都是只有非道德智慧而没有道德智慧吗？所以，费尔巴哈说："一个人愈是伟大，就愈能有利于他人，固然也愈能有害于他人。"①

可见，一个人的非道德智慧越高，则或者会越大地利人，或者会越大地损人；非道德智慧越低，则或者会越小地利人，或者会越小地害人：非道德智慧既可能与利人行为成正比，也可能与损人行为成正比。这是非道德智慧规律。

综观道德智慧规律与非道德智慧规律可知：一个人不应该仅仅具有道德智慧，否则他便只知利人而不知如何利人；也不应该仅仅具有非道德智慧，否则他便既可能利人也可能害人；而应该既有道德智慧又有非道德智慧，这样他便不会害人而只会利人，他便不但会有良好的利人动机而且会有良好的利人效果。所以，智慧是很重要的社会的外在道德规范和个人的内在道德品质，以至古代希腊将其作为四主德之一：智慧、勇敢、节制、正义；而在我国传统道德中则被奉为三达德之首和五常之一："智仁勇，天下之达德也。""五常，仁义礼智信是也。"那么，一个人怎样才能取得智慧呢？

一个人要取得智慧，如古人云，需具备两个条件：才与学。所谓才，就是天资、先天遗传；所谓学，就是学习，就是后天努力。一目了然，一个人的天资高低与其智慧的大小成正比：天资越高，便越易于取得智慧、所取得的智慧便越大；天资越低，便难于取得智慧，所取得的智慧便越小；低于常

---

① 转引自冯友兰：《三松堂全集》第四卷，河南人民出版社1986年版，第681页。

曾国藩:"古来圣贤名儒之所以彪炳宇宙者,无非由于文学事功。然文学则资质居其七分,人力不过三分。惟是尽心养性,保全天之所以赋予我者,此则人力主持,可以自占七分。"

人而为低能弱智,便不可能取得智慧。谁人曾见过低能弱智取得智慧而成为智者?天资在正常人以上显然是取得智慧的必要条件。这是因为,心理测验表明,天资在正常人以下的智力迟钝和缺陷者,其智力的可塑性极小。如果生活于被剥夺的环境,他们的智力将极其低下;但即使生活于丰富的环境,他们的智商最高也只在70~80之间。反之,具有中等以上天资的人,其智力的可塑性则极大。如果生活于被剥夺的环境,他们的智商不过50~60之间;如果生活于丰富的环境,其智商可达180以上。

这样,一个人如果具有正常人以上的天资,那么,他能否取得智慧,便完全取决于学习了。不言而喻,一个人学习的努力程度与其智慧的大小成正比:学习越努力,便越易于取得智慧、所取得的智慧便越大;越不努力,便越难于取得智慧、所取得的智慧便越小;少于一定程度的努力学习,即使天资极高也不可能取得智慧。宋代方仲永便是明证。他五岁能诗,诗人天资极高,但却一直没有好好学习,结果也就没有获得诗人智慧而"泯然众人矣"。可见,"好学近乎知",一定程度的努力学习是取得智慧的必要条件。

总之，仅有天资或者仅有学习都不可能取得智慧，智慧是二者联姻的产儿：智慧＝天资＋学习。不过，天资与学习在智慧取得过程中的作用，是因智慧类型的不同而不同的：道德智慧的取得，显然学习更重要，可以说学习占七分、天资占三分；反之，非道德智慧的取得，天资更重要，可以说天资占七分、学习占三分。这个道理，曾国藩早就说过："古来圣贤名儒之所以彪炳宇宙者，无非由于文学事功。然文学则资质居其七分，人力不过三分。惟是尽心养性，保全天之所以赋予我者，此则人力主持，可以自占七分。"①

智慧是相对完善的认知能力。它的意义和价值完全在于支配和实现需要、欲望、情欲：欲望、情欲如果受智慧、理智支配，便是所谓的节制；否则便是放纵，亦即不节制。那么，一个人的智慧、理智究竟如何才能支配他的欲望、情欲呢？这就是下一个问题：节制。

6. 节制：大体与小体

《孟子》有段名言，说人人都有"大体"和"小体"。"大体"是心，是理智；"小体"是耳目等感官，是情欲。一个人的行为若是服从理智，便是道德的、善的、大人的行为；若是服从情欲，便是不道德的、恶的、小人的行为："公都子问：'钧是人也，或为大人，或为小人，何也？'孟子曰：'从其大体，为大人；从其小体，为小人。'"②

那么，情欲服从理智的行为究竟属于哪一种善？古希腊大哲答曰：节制。首先，柏拉图也把人的灵魂分为理智与情欲两部分："灵魂里有两个不同部分，一个是思考推理的，可以称之为灵魂的理智部分；另一个是感受性欲、饥渴和激情等欲望的，可以称之为非理智或情欲部分。"能使其较坏部分服从较好部分，那么，他所具有的便是节制之美德："人自己的灵魂里有

---

① 《孟子·告子上》。
② Plato, *Republic*. Translated by G.M.A. Grube, Indianapolis , Hackett, 1974, p.103.

一个较好的部分和较坏的部分。如果一个人天性较好的部分控制其较坏的部分，那么，这个人就是自制的或是自己的主人。"①"如果一个人的理智和情欲之间的关系友好和谐，统治者和被统治者达成共识——亦即由理智统治而情欲绝不反叛——这岂不就是有节制的人吗？"②最后，亚里士多德进而指出，节制而受理智支配的行为之根本特征，在于不做明知不当做之事；不节制而受情欲支配的行为之根本特征，在于做明知不当做之事："缺乏自制的人，受情欲支配而做明知不当之事；反之，自制的人则受理智支配，而拒斥明知不当之欲望。"③

确实，人的行为无非节制与放纵两大类型。节制的特征，是理智支配情欲；因其受理智支配，故能做明知当做之事而不做明知不当做之事。反之，放纵的特征，是情欲支配理智；因其受情欲支配，故做明知不当做之事而不做明知当做之事。举例说，甲与乙肝病初愈，皆知饮酒有害。甲受理智支配而不做明知不当做之事：不再饮酒。乙则受情欲支配而做明知不当做之事：饮酒不止。因此我们说：甲节制而乙放纵。

可见，所谓节制，亦即自制，是受理智支配而不做明知不当做之事的行为；反之，所谓放纵，亦即不节制，是受情欲支配而做明知不当做之事的行为。

节制是理智支配、控制、统治情欲的行为，意味着：节制的对象是情欲，节制无非是对情欲的节制。情欲显系两物合成：情与欲。欲是欲望，如发财致富的物质欲望、当官致贵的社会欲望、著书立说的精神欲望等等，我国传统文化将其归结为六欲：眼、耳、鼻、舌、身、意。情是欲望的满足与否所引发的感情，如苦乐、爱恨等等，我国传统文化将其归结为七情：喜、怒、忧、思、悲、恐、惊。

这样，节制便可以分为两大类型：节欲与节情。节欲是理智支配欲望的行为。换言之，无论何事，当求则求，不当求则不求，欲求与否，唯理智是

---

① Plato, Republic. Translated by G.M.A. Grube, Indianapolis, Hackett, 1974, p.96.
② Ibid, p.106.
③ Aristotle, *Nicomachean ethics*. Translated with commentaries and glossary by Hippocrates G. Apostle, Grinnell, Iowa., Peripatetic Press, 1984, p.117.

从，便是节欲。节情则是理智支配感情的行为。换言之，无论何事，当怒则怒，不当怒则不怒；当喜则喜，不当喜则不喜，喜怒"发而皆中节"，便是节情。不难看出，节制的根本，在于节欲。因为情不过是欲之满足与否的心理反应：欲是源，情是流。

现在，我们弄清了什么是节制。那么，究竟为什么应该节制呢？冯友兰说："理智无力；欲无眼"[①]反过来也成立：理智有眼，情欲有力；理智是行为的指导，情欲是行为的动力。这就是说，每个人的行为目的，都是为了满足其情欲——或是物质情欲，或是精神情欲，或是利己情欲，或是利他情欲。理智的全部作用，不过在于告诉人们应当怎样行为才能达到目的、满足情欲。

既然理智是实现情欲的手段，那么二者似乎应该完全一致而不该互相冲突。然而，实际上，每个人的理智与情欲却经常发生冲突。这是因为，每个人的情欲都多种多样、极为复杂。这些情欲，依其与人己的利害性质，可以分为两类：一类有利于人己，因而具有正价值，是应该的、合乎理智的，所以叫做"合理情欲"，如渴求健康、热爱生命、仁爱慷慨、感恩同情等等；另一类则有害于人己，因而具有负价值，是不应该的、不合乎理智的，所以叫做"不合理情欲"，如沉溺酒色、贪婪吝啬、浮躁易怒、嫉妒狠毒等等。不过，合理情欲与不合理情欲并非都是不同情欲，而往往倒是同一种情欲，如食色名货喜怒哀乐等等：当其适度时便是合理情欲；当其过度或不及时便是不合理情欲。

由此可见，如果一个人的情欲都是合理的，那么理智与情欲便完全一致，顺从理智与顺从情欲便是同一回事，因而也就无所谓节制与放纵了。节制与放纵显然只存在于一个人怀有不合理的情欲之时：当此之际，理智与情欲便发生了冲突——若顺从理智而节制，便必得压抑情欲；若顺从情欲，便必得违背理智而放纵。所以，节制并非压抑一切情欲，而只是压抑有害人己的不合理情欲；反之，放纵也并非顺从一切情欲，而只是顺从有害人己的不

[①]冯友兰：《三松堂全集》第四卷，河南人民出版社1986年版，第518页。

合理情欲。

这样，节制便可使人不做明知不当做之事，不致害己害人，因而极其符合道德目的，是一种极为重要的善；反之，放纵则使人做明知不当做之事，害己害人，因而极不符合道德目的，是一种极为重要的恶。所以，节制曾是希腊四主德（正义、勇敢、智慧、节制）之一。包尔生甚至说："一切道德教化的主要目的，就是将理智意志塑造成为全部行为的指导原则……它是全部美德的根本条件，是人类一切价值的根本前提。"[1]节制如此重要，那么，一个人究竟应该怎样才能获得这种美德？

既然节制是压抑不合理情欲而顺从合理情欲，那么，要做到节制，显然首先必须正确认知自己的各种情欲，知道哪些是不合理的，哪些是合理的。否则，理智如果发生错误，把合理情欲当做不合理情欲，把不合理情欲当做合理情欲，便会使节制美德发生异化：压抑合理情欲而顺从不合理情欲。所以，节制首先应该正确认知情欲的价值：理智正确是节制的首要原则。

然而，正如费尔巴哈所说，一个人的理智是极其有限的，并且往往是不可靠的；人类的理智则是无限的、可靠的。因此，一个人要使自己的理智正确可靠，便必须继承人类理智成果。而人类对于情欲的利与害、合理与不合理的认知成果，如所周知，主要是人类伦理和法律思想，并凝结于道德和法律规范。于是，可以说，理智正确是节制的首要原则；道德法律是节制的具体标准。

如果一个人理智正确、对情欲的认知是正确的，他是否就能够压抑不合理情欲从而达于节制境界呢？举例说，一个酒鬼是否只要正确知道嗜酒有害，就能压抑酒瘾而不再饮酒？显然还不能。对此，斯宾诺莎曾援引阿维德的诗句感叹道：

> 我目望正道兮，心知其善，
> 每择恶而行兮，无以自辩。

---

[1] Friedrich Paulsen, *System of Ethics*. Translated By Frank Thilly, Charles Scribner`s Sons, New York, 1908, p.483.

那么，为什么对情欲的正确认知，还不能克制情欲呢？梁启超答曰："理性只能叫人知某件事该做，某件事该怎样做法，却不能叫人去做事；能叫人去做事的只有情感。"①理智本身没有压抑克制情欲的力量；情欲只能被情欲所压抑克制：不合理情欲只能被较强的合理情欲所克制、消灭。因此，一个人有了正确理智，知道何种情欲合理、何种情欲不合理之后，要节制而克制不合理情欲，便必须培养理智所昭示的合理情欲，通过反复行动，使之从无到有、从弱到强、从不习惯到习惯——待到成为习惯或强于不合理情欲之日，便是克制、消灭不合理情欲而获得节制美德之时。举例说，一个人沉溺打牌不喜读书，那么，他仅仅知道打牌有害而读书有利，还不会去读书而不再打牌。怎样才能做到呢？一开始必须尝试一次又一次地去读书，逐渐培养读书情欲，使之不断增强，待到强于打牌情欲时，便会读书而不打牌了。

可见，正确认知情欲确是节制的首要原则，而培养合理情欲则是节制的根本原则。这些原则表明，节制与其说是减少情欲，勿宁说是增加情欲；与

亚里士多德："缺乏自制的人，受情欲支配而做明知不当之事；反之，自制的人则受理智支配，而拒斥明知不当之欲望。"

---

① 转引自冯友兰：《三松堂全集》第一卷，河南人民出版社1987年版，第556页。

其说是给人以压抑，勿宁说是给人以自由。因为一个人越是具有节制美德，则他的合理情欲便越多，他的不合理情欲便越少，他便越不感到压抑而自由；反之，他越放纵，则他的不合理情欲便越多，他的合理情欲便越少，他便越感到压抑而不自由。当一个人的节制美德达到完善境界时，他的所有情欲便都是合理的，他便毫无压抑而获得了完全自由。达到这种境界，无疑是很难的。孔子说他七十岁时才达到这种境界："吾十有五而志于学，三十而立，四十而不惑，五十而知天命，六十而耳顺，七十而从心所欲不逾矩。"但不论是谁，只要他遵循这些节制原则不断修养，便都会逐渐接近这种境界。

节制是智慧、理智对于欲望、情感的支配。人生在世，最重要的节制，恐怕莫过于智慧对于勇敢的指导和支配。因为一个人要想有所作为，则不论是做学问还是干事业抑或求德行，其一生便注定充满艰难、困苦、伤害、危险，如果没有勇敢精神，是绝不会成功的。所以，在智慧和节制之后，应该研究勇敢：勇者不惧。

7. 勇者不惧

勇敢无疑是对可怕事物的一种心理态度和行为表现，这种心理态度和行为表现显然就是：不怕。所以，孔子说："勇者不惧。"勇敢就是不畏惧可怕事物的行为；怯懦则是畏惧可怕事物的行为。但是，左传说："率义之谓勇""死而不义，非勇也。"其实，不率义、死而不义也可以是勇敢，只不过不是义勇，而是不义之勇罢了。何谓义勇？蔡元培说："勇敢而协于义，谓之义勇。"[1]义勇就是合乎道义的勇敢，是符合道德原则的勇敢，主要是有利社会和他人的勇敢，如董存瑞托炸药、黄继光堵枪眼、刘英俊拦惊马等等。荀子称之为"士君子之勇"："义之所在，不倾于权，不顾其利，举国

---

[1]《蔡元培全集》第二卷，中华书局1980年版，第182页。

而与之不为改视，重死持义而不桡，是士君子之勇也。"反之，不义之勇，则是违背道德原则的勇敢，主要是损害社会和他人的勇敢，如月黑风高杀人越货的强盗之勇、拔剑而起挺身而出的市井流氓之勇等等。荀子称之为"狗彘之勇"："争饮食、无廉耻、不知是非、不辟死伤、不畏重强、悍悍然唯饮食之见，是狗彘之勇也。"[①]

义勇与不义之勇是以勇敢是否合乎道义的性质为根据而对勇敢的分类。勇敢还以是否合乎智慧的性质为根据而分为英勇与鲁莽。何谓英勇与鲁莽？亚里士多德说，勇敢是一种中庸，过度则为鲁莽，不及则为怯懦。确实，三者都与同一对象即可怕事物相关，勇敢是不怕，怯懦是没有达到"不怕"的程度，是不怕的不及，是勇敢的不及。但鲁莽是不怕的过度吗？是勇敢的过度吗？是勇敢过了头吗？绝不是。鲁莽与勇敢的程度无关，而与勇敢是否含有智慧有关：鲁莽是不智之勇，是违反智慧不受智慧指导的勇敢，是得不偿失的勇敢。例如，"暴虎冯河"（空手与虎博斗、徒足涉水过河）的蛮干之勇、拍案而起不计后果的血气之勇、初生牛犊不怕虎的无知无识之勇等等都是鲁莽；而其为鲁莽，显然并不是因其勇敢过了头，而是因其不智、不受智慧之指导。与鲁莽相反的勇敢则可以叫做英勇。英勇是智慧之勇，是合乎智慧的而在其指导下的勇敢，是得胜于失的勇敢。以此观之，不但诸葛亮空城计、关羽单刀赴会是英勇，而且董存瑞托炸药包和黄继光堵枪眼也是英勇，因为他们牺牲了自己而保全了众生：得胜于失。

从勇敢的定义和分类可以理解，为什么儒家把勇敢与智慧、仁义并列称之为三达德。勇敢如果背离道义和智慧，便是鲁莽和不义之勇，便有害于社会和他人以及自我而具有负道德价值，因而是不应该的、不道德的、恶的；勇敢只有与道义和智慧结合，才是义勇和英勇，才有利于社会和他人以及自我而具有正道德价值，因而才是应该的、道德的、善的。这就是说，勇敢只是在一定条件下才是应该的、道德的、善的。这个条件，一般地说，如上所述，是符合道义与智慧；具体地讲，则如下所述，是不怕不该害怕的可怕事

[①]《荀子·荣辱》。

物、害怕应该害怕的可怕事物。

人们若以道义和智慧为指导，便可以划分可怕事物为应该害怕和不应该害怕两类。举例说，月黑风高去救人是件可怕的事情，但它符合道义，所以是不该害怕的；反之，若是去偷盗，也是件可怕的事情，然而它不符合道义，所以是应该害怕的。排雷是可怕的事，但若是工兵去排雷，便符合智慧，所以是不该害怕的；反之，若是外行去排雷，便不合智慧，所以是应该害怕的。

不难看出，在可怕事物是不该害怕的条件下，勇敢是应该的道德的善的，而怯懦则是不应该的不道德的恶的。月黑风高勇于救人是应该的，怯而不救是不应该的。工兵勇于排雷是应该的，怯而不前是不应该的。反之，在可怕事物是应该害怕的条件下，勇敢则是不应该的、不道德的、恶的，而怯懦则是应该的、道德的、善的。怯于偷盗是应该的，而勇于偷盗是不应该的。外行怯于排雷是应该的，而勇于排雷是不应该的。因此，曹操说："为将当有怯弱时，不可但持勇也。"①

勇敢规则虽然是相对的而以其合于道义和智慧为前提，但其为人生应当

初生牛犊不怕虎

---

① 《三国志·魏书·夏侯渊传》。

如何的道德规范确是极为重要的、基本的。因为一个人要想有所作为，则不论是做学问还是干事业抑或求德行，其一生便注定充满艰难、困苦、伤害、危险，如果没有勇敢精神，是绝不会成功的。因此，蔡元培认为勇敢是人生成功的必要条件。他这样写道："人生学业，无一可以轻易得之者。当艰难之境而不屈不沮，必达而后已，则勇敢之效也。"[1]

以上，我们既一一研究了勇敢、节制、智慧、谦虚、自尊、贵生和诚实等道德规则，又一一论证了善、公正、平等、人道、自由和异化以及幸福等道德原则。那么，对于这些道德规范的遵守，是否越严格、越绝对、越极端、越过火、越不变，便越好？这就是最后一个规则——中庸——所要解决的问题。

8. 君子中庸

对于道德规范的遵守，是否越严格、越绝对、越极端、越过火、越不变，便越好？否。因为，正如孔子所言，过犹不及：君子中庸。那么，究竟何谓中庸？

不言而喻，无限事物，如宇宙，无所谓"中"。反之，凡有限事物，则都有其"中"。如一条六尺长的线，三尺处是"中"；一个圆，圆心是"中"；冷与热，温是"中"，等等。"中"虽多种多样，但大体说来，确如严群所见，无非两大类型。一是自然界之"中"，一是人事界之"中"："人事界之中，名为中庸。"[2]不过，严格说来，人的一切活动之"中"，也并不都是中庸。比如走步，六步是一步和十二步之"中"，便不能名之为"中庸"。

那么，中庸是人的什么活动之"中"？孔子说："中庸之为德也。"朱熹对此解释道：中"以德行言之，则曰中庸。"这就是说，中庸是一种品

---

[1]《蔡元培全集》第二卷，中华书局1980年版，第181页。
[2]严群：《亚里士多德之伦理思想》，商务印书馆1933年版，第26页。

德,是一种伦理行为;中庸是人的伦理行为之"中"。然而,反过来,伦理行为之"中"并不都是中庸。例如,我们不能因为不大不小的谎言是大谎和小谎之"中",便美其名曰"中庸"。这一点,亚里士多德早就说过:不论是恶行与善行之"中",还是大小恶行之"中",都不是中庸。对此,我们可以补充说:大小善行之"中",显然也非中庸。那么,中庸究竟是一种什么伦理行为之"中"?

原来,人的一切伦理行为,说到底,无非两类三种:一类是不遵守道德的行为,即所谓"不及";另一类是遵守道德的行为:过当遵守道德的行为,即所谓"过";适当遵守道德的行为,即所谓"中庸"。举例说,一个人若言不信、行不果,未遵守信德,是"不及"。但他若在任何情况下都言必信、行必果,便是"尾生之信",便是"过"了。他若当信则信,不当信则不信,守信与否,唯义是从,便是适当遵守信德,便是中庸。

可见,中庸既不是大小恶行之"中",也不是大小善行之"中",更不是恶行与善行之"中";而是两种特殊的恶行,即"不遵守道德"与"过当遵守道德"之"中":中庸是适当遵守道德的善行;"过"是过当遵守道德的恶行;"不及"是不遵守道德的恶行——过与不及合为"偏至"而与"中庸"相对立。

"不及"、不遵守道德是恶,乃不言而喻之理。可是,为什么只有"中庸"、只有适当遵守道德才是善,而"过"、过于遵守道德却是恶呢?过于遵守道德岂不是更加道德、更加善吗?否。因为物极必反。任何事物都有保持其质的稳定不变的量变范围。事物如在这个范围内变化,便不会改变事物的质;如超出这个范围,便会改变事物的质,使事物走向自己的反面,变成另一事物。道德也不能不如此。遵守某种道德,也是在一定范围内才是道德的、善的;超过这个范围,就会走向自己的反面,变成恶的、不道德的。过于自尊,岂不就成了骄傲?过于谦虚,岂不就成了自卑?过于节制,岂不就成了禁欲?过于仁爱,岂不就成了姑息养奸?过于贵生,岂不就成了苟且偷生?

所以,只有适当遵守道德的行为(中庸),才是道德的、善的;而过于遵守道德(过)与不遵守道德(不及)殊途同归：都是恶的、不道德的。因此，孔子说："过犹不及"。亚里士多德说："过度与不及都属于恶，而唯有中庸状态才是美德。"①不遵守道德的行为与过当遵守道德的行为以及适当遵守道德的行为，如前所述，包括人类全部伦理行为。因此，一方面，不但一切中庸的行为都是善的，而且一切善的行为也都是中庸的：中庸与善外延相等；另一方面，不但一切过与不及的行为都是恶的，而且一切恶的行为也都是过或不及的：过加不及与恶外延相等。因此，孔子说："君子中庸，小人反中庸。"一言以蔽之，中庸乃贯穿一切善行和美德的极其普遍、极其根本、极其重要的道德规范、道德品质："中庸之为德也，其至矣乎！"②

那么，怎样才能做到中庸而无过与不及呢？儒家答曰："时中而达权"。何谓"时中而达权"？冯友兰说："'中'是相对于事及情形说者，所以'中'是随时变易，不可执定的。'中'是随时变易的，所以儒家说'时中'。时中者，即随时变易之中也。孟子说：'执中无权，犹执一也。'所谓执一者，即执定一办法以之应用于各情形中之各事也。"③

这就是说，一个人遵守某道德是否中庸、适当，并非一成不变，而是因时、因事而异的。具体讲来，当遵守一种道德与遵守他种道德不发生冲突而可以两全时，则遵守此种道德便是适当的，便是中庸；而不遵守此种道德便是不及。当遵守一种道德与遵守他种道德发生冲突而不能两全时，如果此种道德的价值小于他种道德的价值，那么遵守此种道德便是过，不遵守此种道德而遵守他种道德便是中庸；如果此种道德的价值大于他种道德的价值，那么遵守此种道德便是中庸，而不遵守此种道德则是不及：两善相权取其重，两恶相权取其轻。

举例说。在正常情况下，我们应该诚实，诚实是中庸，说谎是不及。但是，如果出现像康德所说的那种情况，当凶手打听被他追杀而逃到我们家

---

① Aristotle, *Nicomachean ethics*. Ttranslated with commentaries and glossary by Hippocrates G. Apostle, Grinnell, Iowa.,Peripatetic Press, 1984, p.29.
② 《论语·雍也》。
③ 冯友兰：《三松堂全集》第四卷，河南人民出版社1986年版，第435页。

吴宓:"守经而达权等于中庸。经等于原则或标准。权等于这一原则之正确运用。"

的人是否在我们家时,诚实之善便与救人之善发生了冲突:要诚实便救不了人,要救人便不能诚实;不说谎就得害人性命,不害人性命就得说谎。但是,诚实是小善,救人是大善,两善相权当取其大:救人。说谎是小恶,害命是大恶,两恶相权当取其轻:说谎。所以,当此之际,便不应该诚实害命,而应该不诚实救人:诚实为过,而不诚实为中庸。

可见,儒家说得很对:时中而达权、具体情况具体权衡,是实现中庸之道的基本方法。吴宓将这一方法很恰当地概括为"守经达权":"守经而达权等于中庸。经等于原则或标准。权等于这一原则之正确运用。"①

现在,我们终于完成了道德规范——道德原则和道德规则——体系的研究学习,完成了规范伦理学的研究学习。那么,通过怎样的方法和途径才能使人们遵守这些道德规范,从而使之得到实现?通过良心、名誉、品德:良心与名誉的道德评价是道德规范实现的途径;良好的品德则是道德规范的真正实现。

---

①吴宓:《文学与人生》,清华大学出版社1996年版,第121页。

思考题

1. 康德说："诚实是理性教义的一种神圣的绝对命令，不应受任何权宜之计限制。"他举例说，即使当凶手询问被他追杀而逃到我们家里的无辜者是否在我们家里时，我们也应该诚实相告而不该谎称他不在家："在不可不说的陈述中，不论给自己或别人会带来多么大的伤害，诚实都是每个人对他人的不该变通的责任。""因为谎言总是要伤害他人的，即使不伤害某个特定的人，也是对人类的普遍伤害，因为它败坏了规则之源。"（Sissela Bok, Lying：moral choice in public and private life, New York：Vintage Books, 1989, pp.268—269.）然而，孟子却说："大人者，言不必信，行不必果，惟义是从。"孔子亦云："言必信，行必果，硁硁然小人哉！"究竟孰是孰非？

2. 自尊是一种基本的善，而自卑是一种基本的恶。但是，阿德勒却认为自卑是人类进步的动力。他这样写道："自卑感本身并不是变态的。它们是人类地位之所以增进的原因。例如，科学的兴起就是因为人类感到他们的无知，和他们对预测未来的需要；它是人类在改进他们的整个情境、在对宇宙作更进一步的探知、在试图更妥善地控制自然时，努力奋斗的成果。事实上，依我看来，我们人类的全部文化都是以自卑感为基础的。假使我们想象一位兴味索然的观光客来访问我们人类星球，他必定会有如下的观感：'这些人类呀，看他们各种的社会和机构，看他们为求取安全所做的各种努力，看他们的屋顶以防雨，衣服以保暖，街道以使交通便利——很明显，他们都觉得自己是地球上所有居民中最弱小的一群！'"（阿德勒：《自卑与超越》，作家出版社1986年版，第62页。）请回答：阿德勒是否错了？错在哪里？试比较自卑、自尊、谦虚、骄傲四者之异同。

3. 柏拉图认为，节制是理智支配情欲："理智起领导作用，激情和欲望一致赞成由它领导而不反叛，这样的人不是有节制的人吗？"可是，斯宾诺莎却认为理智支配情欲是真正的自由："受情感或意见支配的人，与为理性指导的人……我称前者为奴隶，称后者为自由人。"（斯宾诺莎：《伦理学》，商务印书馆1962年版，第205页。）伯林则将这种理智支配情欲的所谓真正的自由叫做积极自由："认为自由即是'自主'的'积极'的自由观念，实已蕴涵自我的分裂和斗争，在历史上、理论上、实践上，均轻易地将人格分裂为二：一是超验的、理智的、支配的控制者，另一则是被它训导的一大堆经验界的欲望与激情。"（Isaiah Berlin:Four Essay on Liberty. Oxford University Press,1969,p.122.）请回答：理智支配情欲究竟是节制还是自由抑或积极自由?

4. 孔子说他自己"勇且怯"。这是否意味着一个人应该既勇敢又怯懦?一个人不怕应该害怕的事情是勇敢吗?他若害怕应该害怕的事情是怯懦吗?

5. 罗素说:"中道学说并不是完全成功的。例如,我们怎么界定诚实呢?诚实被看做是一种德性;但是我们简直不能说它是撒弥天大谎和不撒谎之间的中道,尽管人们觉得这种观念在某些方面不是不受欢迎的。不管怎么说,这种定义不适用于理智的德性。"(罗素:《西方的智慧》,上海人民出版社1992年版,第114页。)罗素此见能成立吗?

参考文献

《周易》《荀子》《老子》《淮南子》《四书章句》
柏拉图:《理想国》,商务印书馆1995年版。
《亚里士多德全集》第八卷,中国人民大学出版社1992年版。
斯宾诺莎:《伦理学》,商务印书馆1962年版。
阿德勒:《自卑与超越》,作家出版社1986年版。
《费尔巴哈哲学著作选集》,三联书店1962年版。

Isaiah Berlin, *Four Essay on Liberty*. Oxford University Press,1969.

John Rawls, *A Theory of Justice* (Revised Edition) . The Belknap Press of Harvard University Press Cambridge,Massachusetts 2000.

第九章
良心与名誉：优良道德实现之途径

良心的主要问题是其来源：一个人怎样才能有良心或良心较强。每个人的良心的强弱，固然与他自己的道德修养等偶然因素有关；但就其必然性因素来看，则直接说来，取决于他希望自己做一个好人的道德需要的多少，根本说来，则取决于他因自己品德好坏而得到的赏罚利害之多少：他因品德好而得到的赏誉越多，他因品德坏而遭到的惩罚和损失越多，他做好人而不做坏人的道德需要便越强，他的良心便越强。

名誉的问题主要是其价值。名誉具有巨大价值：它一方面使人遵守道德从而保障社会存在发展；另一方面则推动人们奋发有为、取得成就。但是，名誉同时又具有相当大的负价值，它往往使人陷于邪恶：假仁假义和自我异化。这种负作用几乎是不可避免的，只有依靠良心来消解：一个人不应该昧着良心追求虚荣，而应该凭着良心追求光荣；不应该以自我异化屈己从众的方式追求光荣，而应该以自我实现、实现自己创造性潜能的方式追求光荣。

1. 良心的客观本性：他为何向妓女求婚？

20世纪60—70年代，我20多岁，陶醉于俄罗斯文学。令我多年困惑不解的是托尔斯泰《复活》中的主人公聂赫留道夫。当他看到坐在被告席上的杀人犯竟然是玛斯洛娃时，他震惊之余，痛苦异常。因为几年前，玛斯洛娃是他家的女仆，他诱奸了她之后，就扬长而去，将她忘得一干二净。现在他知道，都是他的过错，使得玛斯洛娃沦为妓女和杀人犯。休庭之后，他内疚不已，嘴里喃喃自语，不停地骂自己是个流氓、坏蛋。于是，他四处奔走，想方设法解救玛斯洛娃。然而，难以理解的是，最后他竟然决定放弃他的辉煌前途，追随玛斯洛娃到她的充军地，向她求婚！这究竟是为什么啊？谁都会说，这是聂赫留道夫的"良心发现"。但是，良心怎么会有这样的魔力？良心究竟是个什么东西？

原来，就词义来说，汉语的"良心"比西文的良心conscience更接近良心的定义。因为在汉语中，"良"就是"好"，"良心"就是好心。conscience这个名词就没有这么明确，没有"好"的意思，而只是"共识""共同知晓"之意；进而引申为一种特殊的共识：道德价值意识或道德评价。但是，并非任何好心都是良心；良心是一种特殊的好心。那就是，一个人如果做了好事，他就有愉快和自豪的心理；如果做了坏事，他就有痛苦和自责心理。这种好心，就叫做良心。做坏事的心理固然不是好心，但做了坏事就内疚的心理却无疑是好的，因而是良心。做了好事就快乐、做了坏事就痛苦的心理，就是良心：做好事感到快乐叫做良心满足；做坏事感到痛苦叫做良心谴责。所以，干坏事的人，不一定就没有良心。如果你干了坏事，但你知道这是坏事，并且深感痛苦，那么，你还是有良心的。反之，干好事的心理，不一定就是良心。如果你干了好事，但你不感到快乐和自豪，那么，你虽然有好心因而能干好事，这种好心却不是良心。

因此，精确言之，良心就是每个人的自我道德评价，是自己对自己行为的道德评价，是自己对自己行为道德价值的反应，说到底，也就是自己对自己行为道德价值的认知反应（认知良心或所谓"良知"）、情感反应（情感

第九章 良心与名誉：优良道德实现之途径

托尔斯泰《复活》中的主人公聂赫留道夫看到坐在被告席上的杀人犯竟然是玛斯洛娃时，震惊之余，痛苦异常，不停地骂自己是个流氓、坏蛋。

良心）、意志反应（意志良心）和行为反应（行为良心或所谓"良能"）。我们不妨举一个例子来说明：

假如我好说假话取悦于人。半夜醒来，扪心自问，觉得自己这样做是很不对的（认知良心、良知），并且为自己是个奉迎献媚的小人而惭愧不已（情感良心）。于是，我决心不再说假话（意志良心），我从此也确实做到不再说假话了（行为良心、良能）。

那么，一个人为什么做了好事就快乐、做了坏事就痛苦？他为什么会有良心？原来，人是个社会动物，每个人的生活都完全依靠社会和他人：他的一切利益都是社会和他人给的。所以，能否得到社会和他人的赞许，便是他一切利益中最根本最重大的利益：得到赞许，便意味着得到一切；遭到谴责，便意味着丧失一切。不言而喻，能否得到社会和他人的赞许之关键，在于他的品德如何：如果社会和他人认为他品德好，那么，他便会得到社会和他人的赞许、奖赏和给予；反之，则会受到社会和他人的谴责和惩罚。所以，正如孟子所言，一个人是否有美德，乃是他一切利益中最根本的利益："夫仁，天下之尊爵也，人之安宅也；莫之御而不仁，是不智也。"

因此，每个人或多或少都有遵守道德规范，从而做一个合乎道德的人、做一个好人、做一个有美德的人的道德需要。即使是那些十恶不赦的道德败类，也并非没有做一个好人的道德需要。只不过，他们做一个好人的道德需要比较弱小，而他们所怀有的那些欺诈拐骗、偷盗抢劫、杀人越货的欲望却比较强大，以致远远超过和压抑了他们想做一个好人的道德需要。

每个人做一个好人的道德需要，显然会推动他去做遵守道德的好事，推动他对自己行为是否符合道德规范进行判断、评价，从而因自己做一个好人的道德需要是否被自己的行为所满足而发生种种心理与行为反应，亦即良心的知情意行之反应：

如果看到自己的行为符合道德规范，便会认为自己是一个好人（良知、认知良心），便会因自己做一个好人的道德需要得到实现而沉浸于良心满足的快乐（情感良心），便会有继续行善而遵守道德规范之意（意志良心），便会继续行善而遵守道德规范（行为良心）；如果看到自己的行为不符合道德规范，便会认为自己不是一个好人（良知、认知良心），便会因自己做一个好人的道德需要得不到实现而陷入良心谴责的痛苦（情感良心），便会有改过迁善而遵守道德规范之意（意志良心），便会改过迁善而遵守道德规范（行为良心）。

良心使人遵守道德规范的力量，与良心的强弱成正比：良心越弱，使人遵守道德规范的力量便越弱；良心越强，使人遵守道德规范的力量便越大。每个人良心的强弱，他的做一个好人的道德需要的多少，固然与他自己的道德修养等偶然因素有关；但是，就其必然性因素来看，根本说来，却取决于社会对于每个人品德好坏的赏罚：

社会对于每个人品德好坏的赏罚越公正，他做一个好人的道德需要便越强，他的良心便越强，他遵守道德所带来的自豪感和良心满足的快乐便越强大，他违背道德所产生的内疚感、罪恶感和良心谴责的痛苦便越深重，他便越能够克服违背道德的欲望而遵守道德；社会对于一个人品德好坏的赏罚越不公正，他做一个好人的道德需要便越弱，他的良心越弱，他遵守道德所带来的自豪感和良心满足的快乐便越弱小，他违背道德所产生的内疚感、罪恶感和良心谴责的痛苦便越浅薄，他便越容易顺从不道德的欲望而违背道德。

对于一个良心比较强的人来说，良心使他遵守道德的力量是极其巨大的。如果他的行为不符合道德规范，他便会陷入内疚感和罪恶感，这种内疚感和罪恶感往往是一种相当强烈的持续的焦虑，是震撼心灵的极深刻的情绪上的动荡不安。它不但使自己痛改前非，以后不再违背道德，而且甚至还可能——如达尔文所说——以各种残害自己的行为来自我惩罚以赎罪，从而解除罪恶和内疚、摆脱焦虑、达到内心的安宁："一个人在这样一种悔恨的强烈的情绪驱策下，他就会像他所受到的教育所教导的那样，如向法院自首，从而摆脱罪恶和内疚。"这就是为什么聂赫留道夫竟然放弃辉煌前途而向那个妓女杀人犯求婚的缘故。

2. 名誉的客观本性：
   即使是浮名虚誉，我为什么总是看不开放不下啊？

整整22个寒暑，我几乎谢绝一切社会交际和亲朋往来而只做三件事：撰写《新伦理学》、讲课和锻炼身体。吾师杨焕章先生早有警告：人是社会动物，如此心无旁骛独往独来岂不注定前途坎坷多难！诚哉斯言！但我惜时如金，无论如何也要将一切时间都尽可能用到《新伦理学》的写作上来。每当不公正的谴责、谣言和阴霾袭来，我总是这样想：《新伦理学》就是我人生的目的和意义，比我自己的性命还重要；前途的磨难和名誉扫地又算得了什么？在亲朋面前，谈及世人对我的毁誉，我更是一副满不在乎的样子。但是，我的内心深处，却总是看不开放不下这身外浮名虚誉，痛苦异常。甚至一点点闲言碎语，一个脸色也令我心惊肉跳，夜不能寐。我一再扪心自问：

王海明啊，王海明，你既然立志要在人类的思想领域筑起一座比青铜更长久的里程碑，干嘛还这等看不开？名誉究竟是什么？这个鬼东西怎么会有如此魔力？

原来，名誉就是人们相互的道德评价，是自己对他人和他人对自己的道德评价，是舆论的道德评价，说到底，也就是众人的道德评价和领导的道德评价。因此，一方面，名誉与良心是对立的，是划分具体道德评价的两种相反类型：名誉是外在呼声，是自己对他人和他人对自己的行为的道德评价；反之，良心是内在心声，是自己对自己的行为的道德评价。另一方面，良心与名誉又是同一的，当自己像自己评价他人那样——或者像他人评价自己那样——来评价自己时，名誉便变成了良心：良心是名誉的内化；当自己像评价自己那样来评价他人时，良心便变成了名誉：名誉是良心的外化。

因此，名誉也就与良心一样，分为认知名誉、情感名誉、意志名誉和行为名誉以及肯定性的名誉（荣誉或光荣）与否定性的名誉（耻辱）。举例说，我对穷人和弱者有一种深切的同情，常常救济、帮助他们。别人都说我做得对（认知名誉、认知荣誉）；钦佩之情溢于言表（情感名誉、情感荣誉）；皆有与我结交之意（意志名誉、意志荣誉）；结果多人与我结交（行为名誉、行为荣誉）。

不难看出，名誉攸关每个人最为根本的利害。因为人是个社会动物，每个人的生活都完全依靠社会和他人：他的一切利益都是社会和他人给的。但是，他究竟能从社会和他人那里得到多少利益，无疑取决于社会和他人对他的毁誉：荣誉、光荣意味着他将能从社会和他人那里得到他所能够得到的一切利益；耻辱、恶誉则意味着社会和他人将拒绝给予可能给予他的一切利益。于是，名誉便是他的一切利益之本，便是他的最为根本最为重大的利益：荣誉、光荣是每个人求得自己利益的根本手段。因此，斯密说："就能够立即和直接影响一个无辜者的全部的外在不幸来说，最大的不幸无疑是名誉的不应有的损失。"这恐怕就是"名"与"利"为什么会合为"名利"一个词的缘故。这就是为什么，即使是浮名虚誉，我也总是看不开放不下的缘故。

人，只要他生活于社会和他人之中，便无不有极为深重的名誉心。这样一来，当一个人的行为符合道德规范、具有正道德价值，那么，他便会从社会和他人那里得到好名誉、得到荣誉、得到荣誉所带来的巨大利益，他的极为深重的名誉心便会得到满足而体验到巨大的快乐；反之，如果他的行为违背道德规范、具有负道德价值，那么，他便会从社会和他人那里得到坏名誉、遭受耻辱和舆论谴责及其所造成的巨大利益损失，他的极为深重的名誉心便得不到满足而体验到巨大的痛苦。于是，荣誉、好名誉便通过给予行为者以巨大的快乐、利益，而极有成效地推动他遵守道德；而耻辱、坏名誉则通过使行为者遭受巨大的痛苦、损害，而极有成效地阻止他违背道德。

"众人所指，无病而死"与"众口铄金"两句格言，十分生动而准确地道出了名誉——荣誉和耻辱——使人遵守道德的巨大力量。对于这种力量，赫胥黎也曾有颇为中肯的揭示："只要观察一下我们的周围，就可以看出，对人们的反社会倾向最大的约束力并不是人们对法律的畏惧，而是对他的同伴的舆论的畏惧。传统的荣誉感约束着一些破坏法律、道德和宗教束缚的人们：人们宁可忍受肉体上的极大痛苦，也不愿与生命告别，而羞耻心却驱使最懦弱者去自杀。"

名誉使人遵守道德的力量之巨大，确实往往强大于良心。但是，就良心与名誉的本性来说，良心是一种使人遵守道德的无副作用的力量；而名誉则是一种使人遵守道德的有副作用的力量。这可以从两方面看：

一方面，良心是自我道德评价，是每个人自身的内在的力量，因而是无可逃避的：它总是使人真诚地遵守道德。反之，名誉却是人们相互的道德评价，是作用于每个人的外部力量，是可以逃避的：它既可能使人真诚地遵守道德，也可能使人假装遵守道德。更确切些说，面对名誉这种使人遵守道德的巨大力量，每个人却可能有两种相反的选择。一种是，名誉的巨大力量使他产生了与自己的良心一致的名誉心，亦即对光荣的渴求。他凭着自己的良心追求光荣，真诚对待社会和他人：老老实实遵守而不违背道德，从而赢得荣誉、避免耻辱和舆论谴责。另一种则是，名誉的巨大力量使他产生了与自己的良心相反的名誉心，亦即虚荣心。他昧着良心追求虚荣，欺骗社会和他人：自己并不遵守道德，却设法使社会和他人相信自己遵守道德，从而赢得

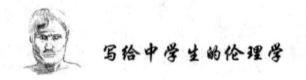

荣誉、避免舆论谴责。

另一方面，良心是自己对自己行为的意识，因而总是与自己行为事实如何相符；而名誉是对别人行为的认识，因而很容易发生错误。也就是说，一个人所得到的名誉与他的行为事实往往不符：或者徒有虚名；或者枉受诋毁。在这些错误中，最为普遍也最为重大的是：屈己从众、丧失自我的人总是得到荣誉；而热爱自由、富有创新精神的人却总是遭受耻辱和舆论谴责。这种错误的普遍性使它几乎成为名誉的必然副产品，从而使名誉几乎必然具有这样的副作用，亦即使人们发生自我异化：不得不放弃自由、违背自我意志而屈从社会和他人意志，从而赢得社会和他人的赞誉。

如果一个人的名誉心使他追求的是虚荣，是名不副实的、与自己的良心相违的荣誉，那么，他不但会陷入卑鄙的说谎、欺骗、无耻，最终被社会和他人所蔑视和唾弃，而且会成为一个无所成就的浅薄轻浮之徒。因为一个人要满足其虚荣心、得到社会和他人的赞扬，不必有所作为、有所贡献、有所成就，而只要练就一套装模作样、厚颜无耻的本事就可以了。反之，如果他追求的是光荣，是真正的、名副其实的、与自己的良心一致的荣誉，避免的是真正的、名副其实的、与自己的良心一致的耻辱和舆论谴责，那么，他不但会因为真诚遵守道德而成为一个有道德的人，而且会成为一个卓有成就的人。因为一个人要满足其真正的荣誉心，必须得到社会和他人的赞扬；而要得到社会和他人的赞扬，根本说来，必须有所作为、有所贡献、有所成就。这是从质上看。从量上看，一个人得到社会和他人的赞扬的程度、他真正的荣誉心的满足程度，根本说来，显然与他所作出的贡献、所取得的成就之大小成正比：他的贡献越大、取得的成就越多，他得到的赞扬便越多，他荣誉心得到的满足便越充分，他便越自豪、快乐；他的贡献越少、取得的成就越少，他得到社会和他人的赞扬便越少，他荣誉心得到的满足便越不充分，他便越羞耻、痛苦。所以，不论从量上看还是从质上看，真正的荣誉心都是推动每个人自强自立、有所作为、取得成就、创造价值的动力。

因此，梁启超说："人无名誉心则已，苟有名誉心，则虽有千百难事横于前途，遮断其进路，终必能鼓舞勇气排除之。"历史印证了这一真理。试数历代伟大人物，不论是大政治家还是大学问家抑或大艺术家，有哪一个不怀抱强烈的荣誉的渴求？当人们询问似乎十分淡泊名利的列夫·托尔斯泰，究竟是什么在推动他写出一部部著作时，托尔斯泰出人意料地答到：是对于荣誉的渴望。所以，包尔生说："追求最高的名望和荣誉是大多数造成历史伟大转折的人们——如亚历山大、恺撒、弗里德里希、拿破仑——的最强有力的动机。而且，如果在人的心灵中没有对卓越、名望和不朽的渴求，伟大的精神和艺术成就也将是不可想象的。"

可见，一个人不应该昧着良心、追求虚荣；而应该凭着良心、追求真正的光荣。但是，细究起来，追求真正的光荣、追求名副其实的荣誉，也有两种相反方式：自我异化和自我实现。自我异化方式的特点是：为了求得荣誉，便放弃自由、违背自我意志而屈从社会和他人意志，从而赢得社会和他人的赞誉。选择这种方式的人，与其说是按照良心不如说是按照名誉行事。反之，自我实现方式的特点是：虽然是为了得到荣誉，却仍然坚持自由、按照自己的意志，从而实现自己的潜能，成为一个可能成为的最有价值的人，最终赢得社会和他人的赞誉。选择这种方式的人，与其说是按照名誉不如说是按照良心行事。

自我实现的方式，不但能够使人真诚地遵守道德，而且还能使人实现自己的创造潜能，成为一个可能成为的最有价值的人。所以，这种方式既极其有利自己，最终说来，又极其有利社会和他人。但是，以这种方式追求荣誉者——不论从名誉的本性来看，还是就历史和现实来说——往往要在他死后才能得到荣誉。而在他有生之年，却大都得不到社会和他人的理解而备受耻辱与舆论谴责之苦。反之，自我异化的方式，固然能够使人真诚地循规蹈矩、遵守道德；但是，最终说来，却因其使人发生异化、丧失创造性而既不利于自己，又不利于社会和他人。但是，以这种方式追求荣誉者，却往往能够如愿以偿，得到社会和他人的理解和盛赞；在他有生之年，便可望享尽荣华富贵。这就是为什么古往今来那些圣贤往往蔑视荣誉的缘故。显然，这种蔑视只意味着荣誉往往导致自我异化；而并不意味着不应该追求荣誉。人无疑应该追逐荣誉。但是，他不应该以自我异化的方式追求荣誉；而应该以自

果戈里小说《画家》中的两位渴慕光荣的画家。

我实现的方式追求荣誉。

　　这个道理，被果戈里写成了小说《画家》。小说讲述的是两位渴慕光荣的画家。他们原本是好朋友。但是，一个在国内作画，他为了得到真正的光荣，自我异化了。为什么呢？因为他不是按照自己的意志去作画，而是按照他人的意志，迎合社会的需求。社会需要大红大绿，他就画一些大红大绿的画。贵夫人需要被画得更美一些，他就曲意逢迎，将贵夫人脸上的斑点和缺陷去掉。结果他取得了极大的成功，荣耀无比，银元滚滚而来，一发不可收拾。但是，这是一种自我异化的荣誉和幸福。另一位画家则远赴意大利学画，特立独行，标新立异，默默无闻，潜心作画七年。七年之后，回来举行画展。他的那位大红大紫的朋友仔细看了画展，不得不承认这是真正原创性的，划时代的。他不由妒火中烧，把这些画全部买下，一把火变为灰烬！这两位画家就代表追求真正的光荣的两种方式：自我异化方式与自我实现方式。

3. 良心与名誉的主观评价：文章憎命达

记得我看过一篇报道，说作家冯德英在一家电台工作的时候，悄悄地写小说。但是，要想人不知，除非己莫为，最后还是让台长知道了。台长想狠整一下冯德英，就在全台大会上批判冯德英，大叫道：你要是能写小说，还要巴金干什么？冯德英眼看在台里待不下去了，只好离开电台，一门心思写小说，结果大获成功，写出了名噪一时的《苦菜花》，成为一代名作家。我虽不才，但能够写出公认是一家之言的150余万字的《新伦理学》，也是因为22年来领导们不能容忍我特立独行，不给我机会，使得我无用武之地，于是只能潜心著书立说了。如果领导重用我，好事缠身，我还能潜心著述吗？文章憎命达啊！文章穷而后工啊！然而，问题在于，我们应该怎样评价领导整冯德英和我的行为呢？从领导整我们的效果来看，是好的，《苦菜花》和《新伦理学》都是领导整我们俩的结果嘛！但是，从领导整我们的动机来看，无疑是坏的，坏透了！这样一来，应该怎样评价呢？应该依据动机还是依据效果抑或既依据动机又依据效果呢？这就是良心与名誉的主观评价的难题。那么，究竟应该怎样进行良心与名誉的主观评价？

电视台台长在全台大会上批判冯德英，大叫道：你要是能写小说，还要巴金干什么？

不言而喻，良心与名誉的评价过程，无非是运用一定的评价标准来评价自己的行为和他人的行为的过程。这两种评价的标准完全相同，区别只在于评价对象：良心是评价自己的行为而名誉是评价他人的行为。因为不论是评价自己的行为还是评价他人的行为，都同样是评价这些行为的道德价值，因而也就只能同样以道德规范作为评价标准：道德规范是良心与名誉的标准。然而，问题是：行为由动机与效果构成，二者有时并不一致。那么，当我们运用良心与名誉的标准对行为进行评价时，究竟是依据行为动机还是行为效果？

不难看出，良心与名誉对行为本身的评价不应该依据行为的动机，看动机如何；而只应该依据行为的效果，看效果如何。我们不是常说好心办坏事吗？事是行为，心是动机。好心办坏事岂不意味着对事、行为本身的好坏之评价是不依据动机、不看动机的？否则，如果对事、行为本身的好坏之评价依据动机，岂不就不会有好心办坏事，而只能有好心办好事吗？那么，当我们说好心办坏事时，我们是依据什么断定事是坏的？显然是依据事、行为之实际效果。试想，夏菲母亲痛打夏菲至死的行为是坏的，是依据什么说的？是依据动机吗？不是。因为其动机是为了夏菲学习好，是为了夏菲好，是好动机。那么，是依据什么呢？显然只是依据她痛打夏菲至死的实际效果：评价行为本身的好坏只应该依据行为效果。所以，领导整冯德英和我的行为本身是好的，是好事，因为这种行为的效果好，使我们潜心著述，写出来《苦菜花》和《新伦理学》。

反之，良心与名誉对行为者品德的评价，只应该依据行为的动机，看动机如何；而不应该依据行为的效果，看效果如何。我们都知道，好心办坏事的人是好人，而坏心办好事的人是坏人。为什么？因为评价行为者的品德好坏只应该看行为者的心、动机，而不应该看事或行为之效果，否则，如果评价行为者的品德好坏看效果，那么，好心办坏事的人岂不就不是好人而是坏人？而坏心办好事的人岂不就不是坏人而是好人了？试想，一个孝子服侍病母，恨不能以自己的性命换回母亲的健康。可是，他过于劳累，因而给母亲吃错了药，使母亲死亡。对此，我们仍说他的品德是好的，是好人。为什么？岂不就是因为他给病母服药的效果虽是坏的，但动机却是好的：评价品德只看动机而不看效果。反之，一个人以毒药害人，却不料以毒攻毒，竟医好被害人的多年老病。对此，我们仍说他的品德坏，是坏人。为什么？岂不就是因为他给别人服药的效果虽好，但动机却是坏的：评价品德好坏只看动机而不看效果。所以，领导整冯德英和我的行为所表现的领导者的品德是不好的，因为领导整我们的动机显然是不好的。

可见，良心与名誉的评价依据应该分别论：对行为本身的评价只应该看效果；对行为者品德的评价只应该看动机。从此出发，也就可以解析良心与名誉评价之真假对错的问题了。真的或对的良心与名誉之根本特征，就是与所评价的行为之实际道德价值相符；假的或错的良心与名誉之根本特征，就是与所评价的行为之实际道德价值不相符。举例说，我当年渴望成名成家而刻苦读书，领导和同事们却认为我走白专道路是不道德的（这是我的名誉）；我自己最终也觉得自己成名成家的思想是不道德的（这是我的良心）。我的这种良心和领导同事们赋予我的这种名誉都是假的、错误的，因为它们不符合成名成家的实际道德价值：成名成家事实上具有正道德价值。显然，良心与名誉之真假，主要讲来，取决于所信奉的道德规范之对错。试想，我之所以觉得自己成名成家的思想是不道德的（良心是假的、错的），主要讲来，岂不就是因为我所信奉的利他主义道德原则是恶劣的、不正确的？岂不就是因为我错误地否定为己利他而片面地认为无私利他是评价行为是否道德的唯一准则？

错误的良心与名誉跟正确的良心与名誉，同样能够使人遵守道德，不论这种道德是多么荒唐。"因此"，达尔文说，"极为离奇怪诞的风俗和迷信，尽管与人类的真正福利与幸福完全背道而驰，却变得比什么都强大有力地通行于全世界。"然而，唯有正确的良心与名誉才能使人遵守优良道德，从而才能够做出真正的善行；而错误的良心与名誉则只可能使人遵守恶劣道德，从而便可能使人陷入真正的罪恶。想想看，当年纳粹分子受着诸如"应该灭绝犹太人"的错误的良心与名誉的鼓舞，曾做出了多少惨绝人寰的真正的罪恶：短短的几年间就有六百万犹太人因此命丧黄泉！达尔文亦曾引用过这样一个例子，更为具体而令人信服地说明了错误的良心与名誉会具有多么大的力量，促使一个人犯下谋杀无辜之罪行：

  兰德尔医师在西澳州当过地方官，叙述到他农庄上有一个土著居民，在他的妻子之一因病死去之后跑来说，为了满足对他的妻子的责任感，他将到一个遥远的部落去，用矛刺杀一个妇女。我对他说，如果他这样做，我要把他终身监禁起来。他没有敢走，在农庄上又耽了几个月，但人变得非常瘦，并且诉说，他睡不好，吃不下，他老婆的鬼魂一直在他身上作祟，因为他没有能为她找到一个替身。我坚决不听，并且向他申说，他如果杀人，则法纲森严，万无宽容之理。尽管如此，这人终于偷跑了。一年多以后回来，则精神焕发，前后判若两人，而据他的另一个妻子告诉兰德尔医师说，她的丈夫果真杀死了一个属于远方部落的女子，但由于无法得到法律上的证据，这事也就算了。

  可见，该土著居民的良心与名誉信奉"应该杀死一个远方部落的女子为死去的妻子找替身"的恶劣道德规范，因而是一种错误的良心与名誉。这种错误的良心与名誉固然与正确的良心与名誉同样能够使人遵守道德，却因其遵守的是恶劣道德而犯下谋杀无辜之罪行。所以，只有按照正确的良心与名誉的道德指令而行，行为者才能因其遵守优良道德而做出真正的善行；错误的良心与名誉或者只可能使行为者的行为遵守恶劣道德，从而便可能使行为者的行为陷入真正的罪恶。这就是良心与名誉的真假之意义之所在。这种意义表明，与其说良心与名誉，不如说正确的良心与名誉，是实现道德的真正途径，至少是实现优良道德的唯一途径：正确的良心是使人遵守道德的内在途径，是实现优良道德的唯一的内在途径；正确的名誉是使人遵守道德的外在途径，是实现优良道德的唯一的外在途径。

思考题

1. 人们往往以为，一个人越有良心，或者说，他的良心越强，他便越吃亏；反之，他越没有良心，或者说，他的良心越弱，他便越占便宜。然而，达尔文却认为良心强对自己是极其有利的："人在他的良心的激励下，通过长期的习惯，将取得一种完善的自我克制能力……这对于他自己是最有利的。" 达尔文的观点能成立吗？一个人良心的强弱与他自己的利益关系究竟如何？怎样才能使一个人有良心或良心强？

2. 孟子曰："人之不学而能者，其良能也；所不虑而知者，其良知也。"（《孟子·尽心上》）弗洛伊德却说："良心无疑是我们身内的某种东西，但是，人之初并无良心。"（Sigmund Freud, *New Introductory Lectures On Psycho-Analysis*, Translated by W. J. H. Sprott, W. W. Norton & Company, Inc. ,Publishers, New York, 1933, p.89.）请辨析二者之是非。良能、良知和良心是同一概念吗？

3. 西塞罗说："许多人蔑视荣誉，却又因遭受不公正的谴责而感到莫大的羞辱和痛心：这岂不极为矛盾？"果真矛盾吗？那么，为什么伟大的智者往往蔑视荣誉？是因为他们没有名誉心，还是因为不应该追求荣誉？

4. 一个人不应该昧着良心、追求虚荣；而应该凭着良心、追求名副其实的光荣。然而，是否只要凭着良心追求名副其实的光荣就都是应该的？

5. 以自我实现——亦即坚持自由和个性从而实现自己的创造性潜能——的方式追求荣誉者，往往要在他死后才能得到荣誉；而在他有生之年，大都得不到社会和他人的理解而备受耻辱与舆论谴责之苦。反之，以自我异化——亦即放弃自由和个性而屈己从众——的方式追求荣誉者，大都能够如愿以偿，得到社会和他人的理解和盛赞；在他有生之年，便可望享尽荣华富贵。请躬心自问：自己以往究竟是以哪一种方式追求着荣誉？今后自己将以何种方式追求荣誉？回答你的选择和选择的理由。

参考文献

张岱年：《中国哲学大纲》，中国社会科学出版社1982年版。
王海明：《新伦理学》下册，商务印书馆2008年版。
Gerhard Zecha and Paul Weingartner:*Conscience:An Interdisciplinary*,1987, D.Reidel Publishing Company,Dordrecht, **Holland.**

第十章
品德：优良道德之实现

国民总体品德发展规律可以归结为四条。

德富律。一个社会的经济发展越快，物质财富增加得越多，对于这些物质财富的分配越公平，人们的生理需要、物质需要的相对满足的程度便越充分，因而人们做一个好人的道德需要和欲望便越多，人们的品德便越高尚。

德福律。一个国家的政治越清明，人们的德福便越一致，人们做一个有美德的人的动力便越强大，他们做一个有美德的好人的道德愿望便越强大，他们善的动机便越强大以致能够克服恶的动机和实现善的动机的内外困难，他们的道德意志便越强大，他们的品德便越高尚。

德识律。一个国家的科教文化越发达，该国国民普遍的认识水平便越高，国民普遍的道德认识水平便越高，国民的品德便越高尚。

德道律。道德越优良，它给予每个人的压抑和损害便越少，而给予他的利益和快乐便越多，于是人们遵守道德从而做一个有美德的人的动力、道德欲望和动机以及道德意志便越强大，因而他们的品德便越高尚。相应地，国民总体品德培养方法便可以归结为"民主政治""经济自由""优良道德"

和"思想自由"四大制度建设。因为一个国家的制度越接近四者，该国的政治便越清明、经济发展便越快、财富分配便越公平、科教文化便越繁荣、所奉行的道德便越优良。这样一来，国民的德福便越一致、物质需要的相对满足的程度便越充分、做一个有美德的人的道德欲望和道德认识以及道德意志便越强烈，从而国民的品德便越高尚。

1. 品德概念：我缺德呀！

我今年六十有三，最懊悔的就是在父母生前没有尽孝。父母分别逝世于1994年和2001年。这些年来，我经常梦见父母，差不多每次梦见，我都惊喜得大叫：爹你没有死呀！梦醒时分，无限悲痛，再难入睡，真是子欲孝而亲不在！我深爱父母，童年时便时常幻想，待到长大出人头地，定要乘飞机回乡接父母到我家享福。可是，到我终于挣钱时，却没有好好供奉父母。每次发工资，我都给父母很少。差不多每次都想：下次一定多给！究竟为什么，我深爱父母，却如此吝啬？后来研究品德问题，我才知道，这是因为我缺德呀！

原来，"品德"与"德""德性""道德品质""道德自我""道德人格""道德个性"是同一概念。从词源来看，中文的"德"字，从（古直字）从心，指一个人的心理特征。这种心理的特征，可以用"得"字来概括：心有所得。英文中的"德性"一词是Virtue，源于拉丁文Vir，本义为"力量""勇气"或"能力"，也有获得、占有某种好东西的意思。就概念来看，"德"也是"得"，只不过是遵守或违背道德而心有所得："德者，得也。行道而有得于心者也。"这个道理，亚里士多德已经讲得很清楚：

德性的获得，不过是先于它的行为之结果；这与技艺的获得相似。因为我们学一种技艺就必须照着去做，在做的过程中才学成了这种技艺。我们通过从事建筑而变成建筑师，通过演奏竖琴而变成竖琴手。同样，我们通过做公正的事情而成为公正的人，通过节制的行为而成为节制的人，通过勇敢的行为而成为勇敢的人。

一个人，偶尔一两次弹弹竖琴，不能就获得演奏竖琴的技艺。同样，一个人也不能做了一两次好事就获得好品德、做了一两次坏事就获得坏品德。品德是长期遵守或违背道德的行为所表现和形成的稳定的、恒久的、整体的心理状态：长期遵守道德的行为所形成和表现出来的稳定的心理状态叫做美德；长期违背道德的行为所形成和表现出来的稳定的心理状态叫做恶德。试想，一个勇敢的人，偶尔也有懦弱的时候：懦弱是他偶尔的、一时的、局部的心理状态；而勇敢则是他稳定的、恒久的、整体的心理状态。这样，勇敢和懦弱便都是他所具有的心理状态。但是，我们不能说他的品德懦弱，不能说懦弱是他的"道德个性"；而只能说他的品德勇敢，只能说勇敢是他的"道德个性"。

品德是一种心理状态——一切心理状态都是由"知"（认识）、"情"（感情）、"意"（意志）三种成分构成——因而也不能不由知、情、意三者构成：品德的"知"即其个人道德认识；品德的"情"即个人道德感情；品德的"意"即个人道德意志。个人道德认识极为复杂多样，包括一个人所获得的有关道德的一切科学知识、个人经验和理论思辨，其核心无疑是：一个人为什么应该做和究竟如何做一个有道德、有美德的人？

个人道德认识是个人道德行为的指导。一个人没有一定的道德认识，便不会有相应的道德行为。试想，一个人如果认为救助遇难者极可能被讹诈，因而不应该救助遇难者，那么，当他见到一个躺在马路上的老人的时候，他会去救助这个人吗？显然不会。一个人有了道德认识，便会有相应的道德行为吗？不一定。想想看，那些一辈子研究伦理学的专家，为什么竟然干了那么多缺德的勾当？为什么他们远非品德高尚的人？岂不就是因为他们虽然深知为什么应该做一个品德高尚的人，却没有做一个品德高尚的人的深切欲望？因此，个人道德认识只是道德行为的必要条件而非充分条件，从而也就只是品德的必要条件而非充分条件。

个人道德感情是一个人所具有的引发自己伦理行为的感情，分为两大类型：一类是人所特有的，亦即每个人做一个好人的道德愿望及其所产生的良心和名誉心；另一类是人与其他一些动物所共有的，亦即爱人之心（同情心和报恩心）和自爱心（求生欲和自尊心）以及恨人之心（妒嫉心和复仇心）和自恨心（内疚感、罪恶感和自卑心）。感情是直接引发每个人一切行为的唯一原因和动力。如果一个人有了某种道德感情，他一定想做、愿做、欲做相应的伦理行为；可是他却未必会实际做出这种伦理行为。因为他有多种需要、欲望和感情：他往往既想做一个英雄，又贪生怕死；既想将钱财孝敬父母，又想自己花用；既想复仇，又想自保；如此等等。于是，一个人如果有了某种道德感情，那么，只有当他的这种道德感情达到一定的强度，能够克服与其冲突的其他感情从而处于决定的和支配的地位，他的这种道德感情才会使他进行相应的伦理行为，才会使他具有相应的品德；否则，他便徒有某种道德感情而不会引发相应的伦理行为，不会有相应的品德。

　　想一想，谁不爱自己的父母？谁不想将钱财孝敬父母？可是，为什么一事当前，我们往往却舍不得这些钱财？为什么我们很少能够做出真正孝敬父母的行为？为什么孝子贤孙是这样稀有罕见？岂不就是因为我们更爱自己、

子欲孝而亲不在！

更爱自己的儿女、更想把钱财花用到自己和儿女身上？这就是我们虽有"爱父母之心"却无相应的"利父母之行为"的真正原因，这就是为什么一个人有了某种道德感情却未必会有相应的伦理行为的缘故，这就是我当年为什么深爱父母却没有尽孝的缘故：我缺德呀！所以，虽然没有某种道德感情，必定不会有相应的伦理行为，必定不会有相应的品德；但是，有了某种道德感情，却未必会有相应的伦理行为，未必会有相应的品德。因此，道德感情虽然是伦理行为的原因和动力，却仅仅是引发伦理行为的必要条件而非充分条件，因而也就仅仅是品德形成的必要条件而非充分条件。

个人道德意志是个人道德愿望转化为实际伦理行为的整个心理过程，亦即一个人的伦理行为从心理、思想确定到实际实现的整个心理过程，说到底，也就是个人的伦理行为动机从确定到执行的整个心理过程。这个心理过程的完成，需要努力克服动机冲突等各种困难。例如，赚钱有多种渠道，因而难免选择和冲突：我为了得到充足的钱财究竟是靠自己辛辛苦苦一点一滴去积攒好，还是靠巧妙地贪污受贿一下子就成个暴发户好呢？究竟如何是好？如果一个人善的欲望和动机克服了恶的欲望和动机，那么，我们便说他有道德意志，或者说他的道德意志强。反之，如果他恶的欲望和动机克服了善的欲望和动机，那么，我们便说他没有道德意志，或者说他的道德意志弱。

个人道德意志之强弱，归根结底，取决于个人道德感情、道德欲望之强弱而与其成正比例变化：如果一个人的道德欲望、道德感情比较强，那么，他的善的欲望和动机就能够克服恶的欲望和动机，他就能够克服执行道德决定所遭遇的内外困难，因而他的道德意志便比较强；反之，如果一个人的道德欲望、道德感情比较弱，那么，他的善的欲望和动机就不能够克服恶的欲望和动机，他就不能够克服执行道德决定所遭遇的内外困难，因而他的道德意志便比较弱。试看古今中外那些百折不挠的铮铮硬汉，他们之所以具有钢铁般的坚强意志，岂不就是因为他们怀抱极其强烈的渴望？所以，爱尔维修一再说："当最伟大的计划对于强的情欲看来是容易的时候，弱的情欲就在最简单的计划中亦觉得有不可能者：在那一个面前，山岳都要低头；对于这一个，则小小丘陵也会变成大山了。"

因此，一个人有了道德认识和道德感情，因而懂得和欲做相应的伦理行为；但是，如果他的道德欲望、道德感情不够强烈，因而没有道德意志，或者说，他的道德意志比较弱，不能使道德动机克服不道德动机，不能克服执行道德决定的内外困难，那么，他实际上便不会做出相应的伦理行为，从而也就不会有相应的品德：个人道德意志与道德认识和道德感情一样，也是品德形成的必要条件。反之，一个人如果有道德意志，或者说，他的道德意志强，那么，他便不但一定具有相应的道德认识和比较强烈的道德感情，因而懂得和愿做相应的伦理行为，而且能够使道德动机克服不道德动机，能够克服执行道德动机的内外困难，从而做出相应的伦理行为，最终具有相应的品德：个人道德意志与道德认识和道德感情不同，乃是品德形成的充分条件。总之，个人道德意志是品德形成的充分且必要条件。

综观品德结构三因素可知：个人道德认识是伦理行为的心理指导、必要条件，是品德的指导因素、首要环节；个人道德情感是伦理行为的心理动因、必要条件，是品德的动力因素、决定性因素，是品德的基本环节；个人道德意志是伦理行为的心理过程、充分且必要条件，是品德的过程因素、最终环节。

因此，品德的培养，说到底，也就是提高个人道德认识、陶冶个人道德感情和锻炼个人道德意志。不论提高个人道德认识，还是陶冶个人道德感情抑或锻炼个人道德意志，无疑只有遵循其发展变化的规律才能成功。细究起来，人们的个人道德认识、个人道德感情和个人道德意志发展变化规律，可以归结为四条："德富律：品德与经济的内在联系"；"德福律：品德与政治的内在联系"；"德道律：品德与道德的内在联系"；"德识律：品德与科教的内在联系"。

2. 德富律：衣食足则知礼仪

1960年，我10岁，正好赶上那个挨饿的年代。那时我就立志要好好学习，成名成家，一心想将来干一番大事业。但我常年挨饿，结果整天想的就是大米干饭、小葱拌豆腐。记得有一次做梦回家，我妈给我端来白面饼。真的，那个挨饿的年代的人们，不必说做一个有美德的好人的道德需要淡薄了，甚至没有羞耻心了，连脸都不要了。那时在别人面前吃东西都得万分小心，因为随时都可能有人将你的食物打掉地上，然后他捡起来吃。听说有一个人正在津津有味地吃面条，突然被另一个人夺来倒在地上，面条倒在地上与土混合起来：谁还能吃呢？好！那个人抓起来就吃。人如果总也吃不饱肚子，那他就不要脸了！因此，管子说："衣食足则知礼仪，仓廪实则知荣辱。"那么，这种现象的内在本质究竟是什么呢？

原来，国民品德高低发展变化，显然取决于每个人做一个好人的道德需要、道德欲望的强弱多少；而每个人做一个好人的道德需要和欲望的强弱多少又取决于每个人的物质需要或生理需要——二者显然是同一概念——的相对满足是否充分。因为正如马斯洛所发现，人的需要及欲望由低级到高级分化为五种：生理、安全、爱、自尊、自我实现。比较低级的需要优先于、强

有一个人正在津津有味地吃面条，突然被另一个人夺来倒在地上，抓起来就吃。

烈于比较高级的需要，而比较高级的需要则是比较低级的需要得到相对满足的结果：安全需要是生理需要相对满足的产物；爱的需要是生理和安全需要相对满足的产物；尊重需要是生理、安全、爱的需要相对满足的产物；自我实现需要是生理、安全、爱、尊重需要相对满足的产物。于是，人的一切需要和欲望最终便都是生理需要相对满足的产物。

这是千真万确的。试想，每个人都有食欲、性欲、安全欲、功名心、自尊心、道德感、自我实现的追求等等。但是，一旦他处于饥饿之中而食欲得不到满足时，他的功名心和道德感等等其他欲求便都退后或消失了：他一心要满足的只是食欲。只有食欲得到满足，其他的欲求才会出现，他才会去满足其他欲求。这是一条普遍定律：不论是谁，不论他多么崇高伟大，多么蔑视物质享乐，当他饥饿的时候，他都不能不停止他的崇高理想而追逐食欲的满足。黑格尔最喜欢的话是："即使是罪犯的思想，也比天上的奇迹更加灿烂辉煌。"此话对思想价值的推崇可谓登峰造极。但是，如果他吃喝不成、又饥又渴，他能够构思他的《逻辑学》吗？当此之际，充满他那伟大的头脑的，必定是面包、牛肉、红葡萄酒。只有当他的食欲得到满足之后，他的头脑才可能出现"有""无"等概念，才可能构思《逻辑学》。

因此，每个人做一个好人的道德需要、欲望都是他的生理需要、物质需要相对满足的结果：他的生理需要、物质需要满足越充分，他做一个好人的道德需要欲望便越多；他的生理需要、物质需要满足越不充分，他做一个好人的道德需要欲望便越少。那么，一个人的生理需要、物质需要相对满足的充分不充分又取决于什么呢？

不难看出，每个人生理需要、物质需要满足充分与否，一方面取决于经济发展、物质财富增加的速度而与之成正比；另一方面则取决于这些物质财富分配的公平性而与之成正比：社会的经济发展越快、物质财富增加的速度越快，对于这些物质财富的分配越公平，人们的生理需要、物质需要的相对满足的程度便越充分；社会的经济发展越慢、物质财富增加的速度越慢，对于这些物质财富的分配越不公平，人们生理需要、物质需要的相对满足便越不充分。

这样一来，一个社会的经济发展越快，物质财富增加得越多，对于这些物质财富的分配越公平，国民的生理需要、物质需要的相对满足的程度便越充分，因而人们做一个好人的道德需要和欲望便越多，国民的品德便越高尚；反之，经济发展越慢，物质财富的增加越少，对于这些物质财富的分配越不公平，国民生理需要、物质需要的相对满足便越不充分，因而国民做一个好人的道德需要和欲望便越少，国民的品德便越恶劣。这个品德高低发展变化的规律，关乎人们的道德需要、道德欲望与经济以及物质财富的关系，属于品德的道德感情因素高低变化的前提和基础之规律，因而可以名之为"德富律：国民品德与经济的内在联系"。

这一规律，说到底，应该名之为"德富律：国民品德与经济制度的内在联系"。因为按照该规律，国民品德状况取决于经济发展速度和财富分配的公平程度。可是，一个国家的经济发展速度和财富分配的公平程度又取决于什么呢？不难看出，任何社会的经济发展速度和财富分配的公平程度，固然取决于劳动者和管理者的个人品质，但是，根本说来，则取决于国家的经济制度。

因为一目了然，劳动者和管理者的个人品质不过是经济发展快慢和财富分配是否公平的偶然的、特殊的根源；而国家的经济制度则是经济发展快慢和财富分配是否公平的普遍的、必然的根源。那么，能够保障经济迅速发展和财富公平分配的经济制度究竟是怎样的呢？只能是经济自由制度，说到底，只能是没有政府管制的市场经济制度。因为现代经济学表明，自由竞争乃是实现自由价格和公平价格从而导致资源配置效率最佳状态的唯一途径。

因此，如果一个国家实行经济自由制度，说到底，实行没有政府管制的市场经济制度，该国的经济便必定迅速发展、物质财富必定迅猛增加，对于这些财富的分配必定公正，从而国民的物质需要必定得到相对充分的满足，因而做一个好人的道德需要和欲望必定强烈，最终势必导致国民品德的普遍提高。因此，建立经济自由制度，说到底，实行没有政府管制的市场经济制度，是形成国民做一个好人的道德愿望的前提和基础之方法，是培养国民品德的道德感情因素的基本方法，是提高国民品德的基本方法。

3. 德福律：孟子的二律背反

孟子说："民非水火不生活，昏暮叩人之门户求水火，无弗与者，至足矣。圣人治天下，使有菽粟如水火。菽粟如水火，而民焉有不仁者乎。"这种思想显然可以归结为四个字："富方能仁"或"富而后仁"。可是，孟子又断言："为富不仁矣，为仁不富矣。"这就是孟子的一种二律背反：一方面，菽粟如水火而民不会不仁；另一方面，为富不仁矣，为仁不富矣；一方面，富方能仁、富而后仁；另一方面，为富不仁、为仁不富。然而，既有"菽粟如水火而民不会不仁"之说，又云"为富不仁矣，为仁不富矣"；既说"富方能仁，富而后仁"，又说"为富不仁，为仁不富"。这岂不自相矛盾？

并不矛盾。因为使菽粟如水火，从而使人们的物质需要得到相对满足，只是人们做一个好人的道德需要得以产生和发展的必要条件。这就是说，没有菽粟如水火，没有物质需要的相对满足，人们便不会有——或不会较多地具有——做一个好人的道德需要；但有了菽粟如水火，有了物质需要的相对满足，人们未必会有——或未必会较多地具有——做一个好人的道德需要。

昏暮叩人之门户求水火，无弗与者。

这就是为什么我们会到处看到"为富不仁"现象：那些丰衣足食、生活富裕的人们，不但没有强烈的做一个好人的道德需要，而且竟是些地地道道的坏蛋！因此，使人们具有强烈的做一个好人的道德需要，除了必须做到菽粟如水火，从而使人们的物质需要得到相对满足，还必须具备一些其他条件。那么，这些条件究竟是什么呢？主要是德福一致：越有美德便越有幸福。

原来，每个人最初之所以会有做一个有美德的人的道德需要，只是因为，美德就其自身来说，虽然是对他的某些欲望和自由的压抑、侵犯，因而是一种害和恶；但就其结果和目的来说，却能够防止更大的害或恶（社会和他人的唾弃、惩罚）和求得更大的利或善（社会和他人的赞许、赏誉），因而是净余额为善的恶，是必要的恶。因此，美德乃是他利己的最根本、最重要的手段：他对美德的需要是一种手段的需要。但是，逐渐地，他便会因美德不断给他莫大利益而日趋爱好美德、欲求美德，从而便为了美德而求美德，使美德由手段变成目的，就像他会爱金钱、欲求金钱、使金钱由手段变成目的一样。这时，他对美德的需要便不再是把它们作为一种手段的需要，而是把它们作为一种目的的需要了。

所以，一个人以美德为目的的道德需要，源于以美德为手段的道德需要；而以美德为手段的道德需要又源于利己，源于社会和别人因他品德的好坏所给予他的赏罚。因此，说到底，一个人做一个有美德的好人的道德需要，不论是以美德为手段的需要，还是以美德为目的的需要，均以利己和幸福为动因、动力：个人利益和幸福虽然不是一切美德的目的，却必定是一切美德的动因、动力。这就意味着：如果德福背离，有德无福、无德有福，那么，美德便失去了动因、动力，人们便不会追求美德了；如果德福一致，有德有福、无德无福，那么美德便有了动因、动力，人们便必定会追求美德了。

因此，德福越一致——越有德便越有福，越无德便越无福——那么，人们追求美德的动力便越强大，他们做一个有美德的好人的道德愿望便越强大，他们善的动机便越强大以致能够克服恶的动机和实现善的动机的内外困难，他们的道德意志便越强大，他们的品德便越高尚；反之，德福越背离——越有德便越无福，越无德便越有福——那么，人们追求美德的动力便越弱小，他们做一个有美德的好人的道德愿望便越弱小，他们善的动机便越弱小以致难以克服恶的动机和实现善的动机的内外困难，他们的道德意志便越弱小，他们的品德便越低劣。

各个社会人们德福一致的程度，无疑取决于各个社会的政治状况：社会的政治越清明，人们的德福一致程度便越高，便越接近德福完全一致，以致每个人越有德便越有福，越无德便越无福；社会的政治越腐败，人们的德福一致程度便越低，便越接近德福背离，以致一个人越有德却可能越无福，而越无德却可能越有福。

因此，人们的品德高尚与否，归根结底，取决于社会的政治清明与否：一个国家的政治越清明，人们的德福便越一致，人们做一个有美德的人的动力便越强大，他们做一个有美德的好人的道德愿望便越强大，他们善的动机便越强大以致能够克服恶的动机和实现善的动机的内外困难，他们的道德意志便越强大，他们的品德便越高尚；一个国家的政治越腐败，人们的德福便越背离，人们追求美德的动力便越弱小，他们做一个有美德的好人的道德愿望便越弱小，他们善的动机便越弱小以致难以克服恶的动机和实现善的动机的内外困难，他们的道德意志便越弱小，他们的品德便越低劣。这个品德高低发展变化的规律，关乎人们做一个好人的道德需要、道德欲望、道德意志与政治以及幸福的关系，属于品德的道德感情和道德意志因素高低变化之规律，主要属于品德的道德感情因素高低变化的目的和动力之规律——德富律则是关于国民品德的道德感情因素发展变化的前提和基础规律——因而可以名之为"德福律：品德与政治的内在联系"。

这一规律，说到底，应该名之为"德福律：国民品德与政治制度的内在联系"。因为按照该规律，国民品德状况取决于国家政治清明抑或腐败以及德福一致与否。一个国家的政治之清明抑或腐败，正如中外史实所表明的，确与统治者的个人品德有关：昏君在位，必定小人当道、政治腐败，从而邪佞者有福而忠良者有祸；明君在位，必定贤人当道、政治清明，从而忠良者有福而邪佞者有祸。然而，依阿克顿勋爵所见，政治腐败与否，根本说来，并不取决诸如昏君与明君等统治者的个人品质，而取决于政治制度本身所固有之本性。他将这一思想归结为一句广为传颂的至理名言："权力导致腐败，绝对权力导致绝对腐败。"诚哉斯言！不过，精确言之，毋宁说，政治腐败与否之偶然的特殊的原因，在于统治者个人品质；而政治腐败与否之普遍的、必然的根源，显然与统治者个人的偶然品质无关，而全在于政治制度的固有本性：民主是政治清明的普遍的必然的根源；专制等非民主制是政治腐败的普遍的必然的根源。这可以从两方面看：

一方面，只有民主制才符合政治自由和政治平等两大国家制度价值标准。因为只有在民主制中，每个人才能完全平等地共同执掌国家最高权力，从而完全平等地享有政治自由，亦即完全平等地使国家的政治按照自己意志进行：一个顶一个，不能一个顶几个。这就是为什么民主制能够保障政治清明的缘故：政治平等和政治自由——每个人完全平等地共同执掌国家最高权力——无疑是政治清明和德福一致的普遍的必然的根源。反之，非民主制——君主专制和有限君主制以及寡头共和制——显然皆违背政治自由和政治平等两大国家制度价值标准。尤其君主专制，乃是一个人不受限制地独掌国家最高权力的政体：一个人独掌国家最高权力，岂不意味着一个人拥有全部最高权力而所有人拥有的权力都是零？岂不意味着只有专制君主自己一个人拥有政治自由，而所有人都没有政治自由？岂不意味着极端的政治不自由和政治不平等？而政治不平等和政治不自由——一个人或少数人掌握最高权力——岂不是政治腐败和德福背离的普遍的必然的根源？

另一方面，民主制意味着国家最高权力完全平等地共同掌握在每个公民手中，因而造成最高权力最大限度的分散和分立，使立法、行政和司法等政治权力互相分立、牵制、监督和抗衡，从而能够有效防止各级官员的腐败和德福背离而保障其清廉和德福一致。反之，其他政体——特别是君主专制——则使最高权力掌握在一个人或少数人手中，造成最高权力的集中、独立和绝对，没有可以监督它而与之抗衡的权力，岂不势必导致政治腐败和德福背离？

可见，只有民主的政治体制才可能保障政治清明和德福一致而防止政治腐败和德福背离。因此，如果一个国家实现了民主，那么，恒久说来，该国的政治必定清明，国民的德福必定一致，他们做一个有美德的好人的动力必定强大，他们做一个有美德的好人的道德愿望必定强大，他们善的动机必定强大以致能够克服恶的动机和实现善的动机的内外困难，他们的道德意志必定强大，最终势必导致国民总体品德的普遍提高：民主制，恒久说来，是国民总体品德良好的根本原因。相反地，如果一个国家实行专制等非民主制，那么，恒久说来，该国的政治必定腐败，国民的德福必定背离，他们做一个有美德的好人的动力必定弱小，他们做一个有美德的好人的道德愿望必定弱小，他们善的动机必定弱小以致不能够克服恶的动机和实现善的动机的内外困难，他们的道德意志必定弱小，最终势必导致国民总体品德的普遍下降：专制等非民主制，恒久说来，是国民总体品德败坏的根本原因。一言以蔽之，民主是形成国民做一个好人的道德愿望的目的和动力之方法，因而是培养国民品德道德感情因素的主要方法，是提高国民品德的基本方法。这就是为什么民主是社会主义核心价值之一。

4. 德识律：科学与艺术的复兴是否有助于敦风化俗

一个国家国民品德高低变化，是否完全取决于该国经济发展的快慢和财富分配的公平不公平以及政治的清明与否？否。国民品德的高低变化无疑还与该国文化的发达程度密切相关。当年法国第戎科学院就已经看到了这一点，因而于1749年发布征文，题目就是："科学与艺术的复兴是否有助于敦风化俗？"狄德罗看到征文，觉得好友卢梭定能写好，遂劝其应征。卢梭就写了一篇，果然中奖。但是，卢梭的回答是否定的："我们的灵魂是随着我们的科学和我们的艺术之臻于完善而越发腐败……海水每日的潮汐经常受那些夜晚照临我们的星球的运行所支配，也还比不上风尚与节操的命运之受科学与艺术的支配呢。我们可以看到，随着科学与艺术的光芒在我们的天边上升起，德行也就消逝了。这种现象在各个时代和各个地方都可以观察到。"

卢梭此见能否成立？否！因为品德由知、情、意三者构成：品德的"知"即其个人道德认识或个人道德认知；品德的"情"即个人道德感情或道德情感；品德的"意"即个人道德意志。仅凭个人道德认识是品德的一个因素，显然就可以得出结论说，品德必定与个人道德认识成正相关变化：一个人的个人道德认识越加提高，他的品德便必定会越加提高；他的个人道德认识越降低，他的品德便必定会越降低。

诚然，实际上，我们到处可以看到恰恰相反的现象：个人道德认识比较高者，品德却比较低；品德比较高者，个人道德认识却比较低。有些终生都在研究伦理学的专家，道德认识可谓高且深矣！但私底下却是妒贤忌能、忘恩负义的卑鄙小人。反之，有些目不识丁的农民，个人道德认识可谓低且浅矣！但却地地道道是个忠厚善良的好人。那么，由此岂不可以否定品德与个人道德认识成正相关变化？造成这种理论与实际的"悖论"的原因究竟何在？

不难看出，这种所谓"悖论"现象的成因在于：品德的决定因素是个人道德感情而不是个人道德认识。所以，一个人的品德的总体水平必定与其道德感情水平一致，而未必与其道德认识一致：个人道德感情高者，即使其道德认识低，品德必高；个人道德认识水平高者，如其道德感情低，其品德必低。因此，个人道德认识高的人所以品德低，完全不是因为他的道德认识高，而仅仅是因为他的品德的其他方面——如道德感情——低。反之，个人道德认识低的人所以品德高，完全不是因为他的道德认识低，而仅仅是因为他的品德的其他方面——如道德感情——高。如果人们只有个人道德认识不同而其余条件完全一样，那么毫无疑义，个人道德认识高者，品德必高；品德高者，个人道德认识必高。换言之，仅仅从个人道德认识与品德的关系来看，二者完全成正比例变化：个人道德认识越高，品德便越高；个人道德认识越低，品德便越低。

既然人们的品德高低必定与其个人道德认识高低成正相关变化，那么，人们的个人道德认识高低究竟又决定于什么呢？每个国家国民普遍的个人道德认识水平，显然与该国的科教文化水平有必然联系。我们很难想象，一个国民普遍愚昧无知的国家，他们的道德认识和道德知识水平，普遍说来，却会很高：国民道德认识和知识水平普遍高的国家，岂不必定是那些认识和知识水平高的国家？而一个国家认识和知识水平当然取决于该国科教文化发展水平：一个国家的科教文化越发达，该国国民普遍的认识水平便越高，国民普遍的道德认识水平便越高；反之，一个国家的科教文化越不发达，该国国民普遍的认识水平便越低，国民普遍的道德认识水平便越低。

于是，一个国家国民品德高低变化，不仅取决于该国经济发展的快慢和财富分配的公平不公平以及政治的清明与否，而且取决于该国科教文化事业的发达程度：一个国家的科教文化越发达，该国国民普遍的认识水平便越高，国民普遍的道德认识水平便越高，国民的品德便越高尚；一个国家的科教文化越不发达，该国国民普遍的认识水平便越低，国民普遍的道德认识水平便越低，国民的品德便越败坏。这个规律，关乎国民的个人道德认识与其科教文化事业的关系，属于品德的个人道德认识方面的规律，因而可以名之为"德识律：品德与文化的内在联系"。

那么，一个国家的科教文化发达与否又取决于什么？根本说来，无疑取决于该国是否有思想自由，亦即是否有获得与传达思想之自由，说到底，是否有言论与出版——言论与出版是思想获得与传达的主要途径——之自由：思想自由是科教文化迅速发展的根本条件，是精神财富繁荣兴盛的根本条件，是真理得以诞生的根本条件。因为不言而喻，任何人的思想，都不可能在强制和奴役的条件下得到发展。思想自由，确如无数先哲所论，是思想和真理发展的根本条件而与其成正相关变化：一个社会的言论和出版越自由，它所能得到的真理便越多，它的科学与艺术便越繁荣兴旺，它所获得的精神财富便越先进发达；一个社会的言论和出版越不自由，它所能得到的真理便越少，它的科学与艺术便越萧条荒芜，它所创获的精神财富便越低劣落后。

这个道理，只要简单比较一下中西文化发展之异同，就更清楚了。试想，为什么春秋战国时代的文化与西方同样繁荣进步？岂不就是因为那时的中国和西方同样崇尚思想自由？冯友兰在总结"子学时代哲学发达之原因"时便这样写道："上古时代哲学之发达，由于当时思想言论之自由。"伯

冯友兰："上古时代哲学之发达，由于当时思想言论之自由。"

里也将古希腊罗马的哲学、科学、文学和艺术的伟大成就归因于思想自由："若有人问及希腊人对于文化上的贡献是什么，我们自然首先要想到他们在文学和艺术上的成就了。但更真切的答复或者要说，我们最深沉的感谢是因为他们是思想自由和言论自由的创造者。他们哲学上的思想、科学上的进步和政治上的实验固然以这种精神的自由为条件，即文学艺术上的优美，也莫不以此为根据。"为什么中世纪的文化中西同样停滞不前？岂不是因为中西同样丧失了思想自由？中国罢黜百家独尊儒术："春秋以后，言论思想极端自由之空气于是亡矣。"西方亦然："宽容令发布后约十年，君士坦丁大帝就采行基督教。由这重大的决议就使一千年中理性受着束缚，思想被奴役，而知识无进步。"为什么近代以来，西方文化突飞猛进，中国却极大地落伍了？岂不是因为西方发生了伟大的文艺复兴运动，经过数百年的自由对专制的血战，终于摆脱了专制而争得了思想自由；而中国却始终未能摆脱专制而争得思想自由。

综上可知，一个国家的思想、言论和出版越不自由，该国的科教文化便越不发达,该国国民普遍的认识水平便越低,国民普遍的道德认识水平便越低,国民的品德便越败坏;一个国家的思想、言论和出版越自由,该国的科教文化便越发达,该国国民普遍的认识水平便越高,国民普遍的道德认识水平便越高,国民的品德便越高尚;一个国家的思想、言论和出版完全自由,该国的科教文化便必定极端繁荣兴盛,该国国民普遍的认识水平便必定极高,国民普遍的道德认识水平便必定极高,国民的品德便必定极其高尚。这岂不意味着:思想自由是培养国民品德道德认识因素的方法,是提高国民品德的首要方法?

5. 德道律:国民品德的败坏与最高调的道德如影随形

遍观历史和现实,我们到处都会看到这样一种奇怪的现象:一个社会所奉行的道德对人们的要求越高,人们的品德反倒越低;国民品德的败坏竟会与最高调的道德——利他主义道德——如影随形。这究竟是怎么一回事呢?

原来,一个国家国民品德高低变化,不仅取决于该国经济发展的快慢、财富分配的公平程度和政治的清明以及科教文化发达与否,而且——最为直接地——取决于该国所奉行的道德之优劣。道德越优良,它给予一个人的压抑和损害便越少,而给予一个人的利益和快乐便越多;因而人们遵守道德、做一个有美德的人的动力便越强大,他们的品德便越高尚。反之,道德越恶劣,它给予每个人的压抑和损害便越多,而给予他的利益和快乐便越少;因而人们遵守道德、做一个有美德的人的动力便越弱小,他们的品德便越低劣。

由此可以理解,为什么国民品德败坏往往竟会与最高调的道德——利他主义道德——如影随形?岂不就是因为利他主义道德是最恶劣的道德?一方面,利他主义道德是对每个人的行为的道德要求最高的道德:它认为只要目的利己——不论手段如何有利于社会和他人——便是不道德的,从而把道德的最高境界"无私利他"当做唯一道德的行为。这样一来,利他主义道德便是对每个人的欲望和自由侵犯最为严重的道德：它侵犯、否定每个人的一切目的利己的欲望和自由。另一方面，利他主义道德否定目的利己、反对一切个人利益的追求，也就堵塞了人们增进社会和他人利益的最有力的源泉，因而是增进全社会和每个人利益最为缓慢的道德。合而言之，利他主义道德便是给予每个人的损害最多而利益最小的道德，便是给予每个人的害与利的比值最大的道德，因而也就是最为恶劣的道德。这就是奉行利他主义这种最高调的道德的社会，为何反倒会出现道德滑坡的原因：人们遵守这种对自己损害最多而利益最小的最恶劣的道德——从而做一个这种道德所要求的"无私利他"类型的好人——的道德欲望必定最少，因而他们的品德必定低下。

反之，己他两利主义——亦即将"无私利他"与"为己利他"共同奉为评价行为是否道德的道德总原则理论——则远比利他主义优良。因为，一方面，己他两利主义对每个人的欲望和自由侵犯很少：它仅仅侵犯、否定每个人的有害他人和社会的利己的欲望和自由。另一方面，己他两利主义肯定为己利他、鼓励一切有利社会和他人的个人利益的追求，也就开放了增进全社会和每个人利益的最有力的源泉，因而是增进全社会和每个人利益极为迅速的道德。合而言之，己他两利主义便是给予每个人的利益极多而损害极少的道德，便是给予每个人的利与害的比值极大的道德，因而也就是极为优良的道德。这就是奉行己他两利主义道德的社会，人们的品德状况反倒比较高尚的原因：人们遵守这种给自己利益较多而损害较少的比较优良的道德——从而做一个这种道德所要求的"为己利他"类型的好人——的道德欲望必定较多，因而他们的品德必定比较高尚。

可见，道德越优良，它给予一个人的压抑和损害便越少，而给予他的利益和快乐便越多，于是，人们遵守道德从而做一个有美德的人的动力、道德欲望和动机以及道德意志便越强大，因而他们的品德便越高尚；反之，道德越恶劣，那么，它给予每个人的压抑和损害便越多，而给予他的利益和快乐便越少，那么，人们遵守道德从而做一个有美德的人的动力、道德欲望和动机以及道德意志便越弱小，因而他们的品德便越低下；道德越恶劣，它与人们行为的客观本性便越背离，便越难于被人们实行，从而人们实行道德的行为便越少，人们的品德便越恶劣。这个规律，是关于每个人的道德感情以及道德行为或道德意志与社会所奉行的道德之优劣的关系之规律，因而也属于国民品德的个人道德感情和道德意志两方面的复合规律，不妨名之为"德道律：品德与道德的内在联系"。

根据这个规律，废除恶劣道德而奉行优良道德显然是国民品德培养的基本方法。可是，一个国家究竟奉行怎样的道德才算得上优良呢？任何国家所奉行的道德无疑都是不胜枚举的，因而必定既有一些是优良的，又有一些是恶劣的，而不可能全部优良或全部恶劣。所以，我们说一个国家所奉行的道德是恶劣的或是优良的，只能是就其处于基础与核心地位的——亦即具有决定意义——的道德来说的：如果一个国家处于基础与核心地位的道德是优良的，该国所奉行的便是优良道德；反之，如果一个国家处于基础与核心地位的道德是恶劣的，该国奉行的便是恶劣道德。

在一个国家所奉行的道德规范体系中，处于基础与核心地位的无疑是普遍的道德原则，而不是推导于普遍道德原则的特殊道德原则和道德规则。人类社会普遍的道德原则无非四类。第一类是道德终极标准，亦即道德最终目的之量化："增进每个人利益总量"；第二类是一切伦理行为应该如何的道德总原则，亦即所谓"善"；第三类是善待他人的道德原则，主要是国家制度价值标准，亦即"公正"（平等是最重要的公正）和"人道"（自由是最根本的人道）；第四类是善待自我的道德原则，亦即所谓"幸福"。善待自我的道德原则在一个国家所奉行的道德规范体系中显然不可能处于基础与核心地位。因此，判断一个国家所奉行的道德是否优良，说到底，全在于该国所奉行的道德终极标准和道德总原则以及国家制度价值标准是否优良。我们关于这些原则和标准的研究业已表明：围绕它们所形成的义务论和利他主义以及专制主义是谬论；而功利主义和己他两利主义以及人道主义、自由主义和平等主义是真理。这意味着：义务论的道德终极标准和利他主义道德总原则以及专制主义国家制度价值标准是恶劣道德，而功利主义道德终极标准和己他两利主义道德总原则以及人道主义、自由主义和平等主义的国家制度价值标准是优良道德。

因此，如果一个国家奉行义务论和利他主义以及专制主义道德，那么，该国所奉行的道德，就其基础或核心来说，便是恶劣道德，因而不论其余道德如何，该国所奉行的必定是恶劣道德：它对于国民的压抑、限制和损害必定极大，而给国民的利益和快乐必定极少。于是，国民遵守这种道德从而做一个有美德的人的动力、欲望、动机和意志便必定极其弱小，因而国民品德必定极其恶劣。反之，如果一个国家奉行功利主义道德终极标准和己他两利主义道德总原则以及人道主义、自由主义和平等主义的国家制度价值标准，那么，该国所奉行的道德，就其基础或核心来说，便是优良的道德，因而不论其余道德如何，该国所奉行的必定是优良道德：它对国民的压抑、限制和损害必定极少，而给予国民的利益和快乐必定极多。于是，国民遵守这种道德从而做一个有美德的人的动力、欲望、动机和意志必定极其强大，因而他们的品德必定高尚。于是，废除义务论和利他主义以及专制主义恶劣道德，而代之以功利主义、己他两利主义以及人道主义、自由主义和平等主义之优良道德，乃是形成国民做一个有美德的人的强大的动力、动机、欲望和意志之方法，因而是培养国民品德道德感情和道德意志两因素的复合方法，是提高国民品德的基本方法。

综观国民品德变化规律和培养方法，不难看出，政治民主、经济自由、思想自由和道德优良四大制度建设均为国民总体品德或群体品德培养方法，而不是国民个体品德、个人品德培养方法。因此，这些方法并不能保证提高一个具体的、特殊的个人的品德境界；而只能保证提高一个国家的国民总体的品德境界。这些方法只能保证提高一个国家的国民总体的品德境界，因而一个国家，只要制度恶劣——从而政治不民主、经济不自由、思想不自由和道德恶劣——那么，不论诞生了多么伟大的道德楷模，该国国民总体来说必定品德败坏；反之，只要制度优良——从而政治民主、经济自由、思想自由和道德优良——那么，不论出现了多么十恶不赦的坏蛋，该国国民总体必定品德高尚。但是，这些方法并不能保证具体提高某一个个人的品德境界，因而一个国家或社会，不论制度如何恶劣，总有一个或一些品德极其高尚的人；反之，不论制度如何优良，总有一个或一些品德极其败坏的人。

这样一来，一个人即使有幸生活于民主的国度，也未必品德良好，而仍然可能品德败坏；反之，即使他不幸生活于专制社会，也未必品德败坏，而仍然可能品德良好。那么，一个人究竟怎样才能具有良好和高尚的品德？究竟怎样才能使一个人具有良好和高尚的品德？换言之，能够保证具体提高某一个个人的品德境界的品德培养方法究竟如何？说到底，国民个体品德培养方法究竟是什么？是道德教养：道德教育与道德修养。道德教育是国民个体品德培养的外在方法，包括言教、奖惩、身教和榜样；道德修养是国民个体品德培养的内在方法，包括学习、立志、躬行和自省。这些品德培养方法众所周知，毋庸赘言。问题乃在于：道德教养与制度建设之关系究竟如何？

制度建设是国民总体或群体品德培养方法，它虽然不能保证具体提高各个个人的品德境界，却能够保证提高一个国家的国民总体的品德境界；而道德教养——道德教育与道德修养——则是国民个体或个人的品德培养方法，它只能保证具体提高各个个人的品德境界，却不能够保证提高一个国家的国民总体的品德境界。这样一来，一个国家，只要制度优良，不论该国道德教育与道德修养如何，即使该国不进行任何道德教育与道德修养，该国国民总体来说必定品德高尚；而它的道德教育和道德修养不论如何恶劣、松懈乃至等于零，充其量，也只能导致极少数人品德败坏而已。反之，一个国家或社会，只要制度恶劣，那么，不论道德教育与道德修养如何，即使有最优良最努力的道德教育和道德修养，该国国民总体来说也必定品德败坏；而它的道德教育和道德修养不论如何优良努力，充其量，只能造就极少数有美德的人而已。因此，作为品德培养方法，制度建设远远重要于道德教养：制度建设是大体，是品德培养的根本的、主要的和决定性的方法；而道德教养则是小体，是品德培养的非根本的、非主要的和非决定性的方法。所以，邓小平说："制度好可以使坏人无法任意横行，制度不好可以使好人无法充分做好事，甚至会走向反面。即使像毛泽东同志这样伟大的人物，也受到一些不好的制度的严重影响，以至于对党对国家对他个人都造成了很大的不幸——不是说个人没有责任，而是说领导制度、组织制度问题更带有根本性、全局性、稳定性和长期性。"

因此，任何国家的国民品德培养，必须"先立乎其大者"，首先且主要的是进行制度建设，务使制度优良：只要制度优良，国民总体必定品德高尚；只要制度恶劣，国民总体必定品德败坏。

思考题

1. 民主符合政治自由和政治平等两大社会治理的道德原则，是应该的、道德的，具有正道德价值，因而"应该民主"的道德规范与民主的实际道德价值相符，属于优良道德范畴；反之，忠君违背政治自由和政治平等两大社会治理的道德原则，是不应该的、不道德的，具有负道德价值，因而"应该忠君"的道德规范与忠君的实际道德价值不符，属于恶劣道德范畴。那么，能否由此得出结论说：岳飞等人的忠君品德是恶德，而只有孙中山等民主斗士的品德才是美德？

2. 有些伦理学家以为市场经济是一把双刃剑：虽发展经济却败坏道德。这样一来，市场经济便不可能是提高国民品德的方法；恰恰相反，它只可能败坏道德：败坏道德是它发展经济所不可避免的副作用。于是，伦理学家的任务就是：如何既搞市场经济又尽量避免它败坏道德的副作用，从而将这种副作用降至最低限度。这种观点能成立吗？

3. 管子说："仓廪实则知礼节，衣食足则知荣辱。"这种观点科学吗？孟子赞成管子的观点，进而发挥道："民非水火不生活，昏暮叩人之门户求水火，无弗与者，至足矣。圣人治天下，使有菽粟如水火。菽粟如水火，而民焉有不仁者乎？"可是，他又断言："为富不仁矣，为仁不富矣。"这是否自相矛盾？

4. 儒家道德的基础和核心，是极其错误的义务论道德终极标准、利他主义道德总原则、专制主义国家制度价值标准和只讲道德教养而不问制度建设的美德伦理学。由此能否说，儒家道德不论如何博大精深、源远流长，甚至包藏诸如"爱有差等"等诉说不尽的伟大的真理和善，却都属于极端错误和恶劣的道德？

5. 我国今日所需要的，是儒家等传统道德，还是西方道德，抑或是那引领五四新文化运动的"赛先生"与"德先生"？陈独秀说："要拥护那德先生，便不得不反对孔教、礼法、贞节、旧伦理、旧政治。要拥护那赛先生，便不得不反对那旧艺术、旧宗教；要拥护德先生又要拥护赛先生，便不得不反对国粹和旧文学……西洋人因为拥护德、赛两先生，闹了多少事，流了多少血，德、赛两先生才渐渐从黑暗中把他们救出，引到光明世界。我们现在认定只有这两位先生，可以救治中国政治上、道德上、学术上、思想上一切的黑暗。"（《陈独秀文章选编》上，北京三联书店1984年版，第317—318页）此言还有现实意义吗？

参考文献

朱熹：《四书集注》。
王海明：《新伦理学》全三册，商务印书馆2008年版。
Stevn M.Cahn and Peter Markie, *Ethics: History. Theory, and Contemporary Issues*, Oxford University Press, New York, Oxford ,1998.

附　录
伦理学必修书简介

第一部分：西方七本伦理学经典

亚里士多德：《尼各马科伦理学》、斯宾诺莎：《伦理学》、康德：《实践理性批判》和《道德形而上学原理》、穆勒：《功用主义》、摩尔：《伦理学原理》、罗尔斯：《正义论》。

亚里士多德：《尼各马科伦理学》。该书首次将人类零散的伦理学知识构建成一种博大精深、深入浅出的道德哲学知识体系，从而使伦理学成为一门独立的科学。它的内容几乎包罗、关涉伦理学的全部对象和所有学科：它极为精湛地研究了某些重大的元伦理学问题，如"善""内在善""外在善"和"至善"等等；它相当全面地阐述了规范伦理学，差不多论及全部道德规范，特别是公正与平等，进而发现公正是国家制度价值标准，而平等则是最重要的公正；它还系统论述了美德伦理学问题，如美德的起源、类型、价值和目的等等。

**康德：《实践理性批判》《道德形而上学原理》，穆勒：《功用主义》。《尼各马科伦理学》与《论语》一样,其体系的基础和核心乃是"美德""品德"和"应该是什么人"等直观的、具体的、外在的、现象的问题。相反地,康德的《实践理性批判》《道德形而上学原理》和穆勒的《功用主义》的体系的基础和核心,则是"道德""规范""行为"和"应该做什么"等抽象的、内在的、本质的问题。康德的《实践理性批判》《道德形而上学原理》和穆勒的《功用主义》所研究的对象相同,都是规范伦理学的核心和基础问题:道德的起源目的、道德终极标准和道德总原则。但是,二者的理论却恰好相反。康德的《实践理性批判》和《道德形而上学原理》构建了人类迄今最伟大的道德起源和目的自律论、义务论和利他主义的理论体系;穆勒的《功用主义》则开创了同样伟大的道德起源和目的他律论、功利主义和己他两利主义的理论体系。

摩尔:《伦理学原理》。康德和穆勒的以"规范"为核心的伦理学的进一步发展,势必过渡到以"规范如何才能够是正确的、优良的和科学的问题"为核心的伦理学,亦即元伦理学。20世纪初问世的摩尔的《伦理学原理》,就是人类第一本元伦理学专著。该书的最大贡献,是发现以往伦理学在解决元伦理学的根本问题——应该与是的关系——时,大都犯了"自然主义谬误"。

斯宾诺莎:《伦理学》。自笛卡儿以来,先后有霍布斯、斯宾诺莎、休谟、爱尔维修和罗尔斯等划时代伦理学大师以及大物理学家爱因斯坦等人,极力倡导伦理学的公理化、几何学化、物理学化和科学化。但是,只有斯宾诺莎的《伦理学》,才将这种倡导付诸实际,从而构建伦理学为一个公理化体系。该书是迄今唯一用"几何学方法"写成的伦理学著作,是伦理学方法的最伟大的著作,也是最上乘的道德心理学著作。

罗尔斯:《正义论》。该书的主要贡献,一方面在于提出一种道德原则正确性的证明方法,并用以系统证明了它所确立的两个正义原则的正确性;另一方面则在于发扬光大柏拉图和亚里士多德关于"城邦以公正为原则"的发现,进而首次明确提出公正是社会制度的首要善:"公正是社会制度的首要善,正如真理是思想体系的首要善一样。一种理论,无论多么高尚和简洁，只要它不真实，就必须拒绝或修正；同样，某些法律和制度，无论怎样高效和得当，只要它们不公正，就必须改造或废除。"①

第二部分 中国六部伦理学经典

《论语》《孟子》《墨子》《老子》《庄子》《韩非子》

《论语》在中国伦理学史的地位，无疑相当于《尼各马科伦理学》在西方伦理学史的地位，是中国最伟大的伦理学著作。《论语》与《孟子》系统探讨了无私利人的心理动因、功利动因、经济动因和原动力，系统讨论了道德起源和目的、道德终极标准、道德总原则和社会治理道德原则，形成了相当完整的道德起源目的自律论、道义论、利他主义和专制主义的道德哲学体系。墨子原本是从儒家分化出来的极左派，因而《墨子》的道德总原则理论与《论语》《孟子》一样，都属于利他主义，都将无私利他奉为行为是否道德的道德总原则：只有无私才是道德的；而只要目的为己，不论手段如何利他，也都是不道德的。二者的分歧，是利他主义流派的内部分歧：《论语》和《孟子》倡导爱有差等的无私利人；《墨子》则主张爱无差等的无私利人。

就道德哲学的核心和基础来说，《论语》《孟子》和《墨子》的对立面乃是《老子》《庄子》和《韩非子》。因为《老子》《庄子》和《韩非子》不但一致否定无私利人的实际存在，而且构建了迄今仍然是最伟大的道德起源和目的他律论、功利主义、利己主义和专制主义的道德哲学体系。不过，一方面，《庄子》与《老子》《韩非子》的利己主义有所不同：《庄子》主张个人主义；《老子》和《韩非子》则主张合理利己主义。另一方面，《韩非子》与《论语》《孟子》的专制主义不同：《论语》和《孟子》主张王道

---

①John Rawls, *A Theory of Justice* (Revised Edition). The Belknap Press of Harvard University Press, Cambridge, Massachusetts, 2000, p.3.

的专制主义，亦即开明的、仁慈的专制主义，认为专制只有在专制者的治理符合道德的前提下才是应该的；《韩非子》则主张霸道的专制主义，亦即野蛮、邪恶的专制主义，认为专制即使在专制者的统治是野蛮的、邪恶的、不道德的情况下也是应该的。